Xaver Finkenzeller

STEINBACHS NATURFÜHRER

ALPEN-BLUMEN

Herausgegeben von Gunter Steinbach

445 Farbfotos
288 Zeichnungen

ulmer

Inhalt

Blüten- und Blattformen

Für die Beschreibung von Pflanzen und ihren Organen bewähren sich die hier dargestellten Begriffe – ergänzend zu der Musterpflanze auf der vorderen Umschlaginnenseite. Den Kronblättern zweikeimblättriger Pflanzen entsprechen die Blütenblätter der Einkeimblättrigen, z. B. der Liliengewächse. Diesen fehlen Kelchblätter.

fünf Kronblätter (Fingerkraut)

Blütenstand mit Röhrenblüten (innen) und Zungenblüten (außen)

vier Kronblätter (Mohn)

sechs Kronblätter (Küchenschelle)

Blütenstand mit Zungenblüten

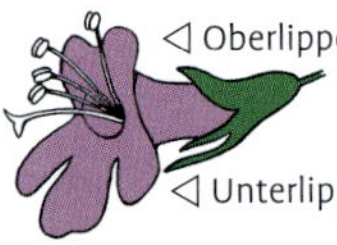

Lippenblüte (Minze)

zweiseitig symmetrisch

Körbchen im Querschnitt

Schmetterlingsblüte

getrenntblättrig

verwachsenblättrig

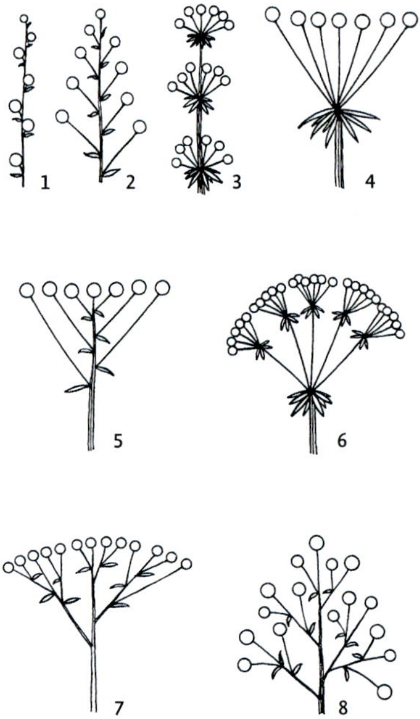

Blütenstände

1 Ähre 2 Traube 3 Quirl 4 Dolde mit Hülle 5 Doldentraube 6 zusammengesetzte Dolde: Hüllchen und Hülle 7 Doldenrispe 8 Rispe

Blattansätze am Stiel
1 gestielt 2 sitzend 3 geöhrt 4 durchwachsen
5 u. 6 verwachsen 7 herablaufend

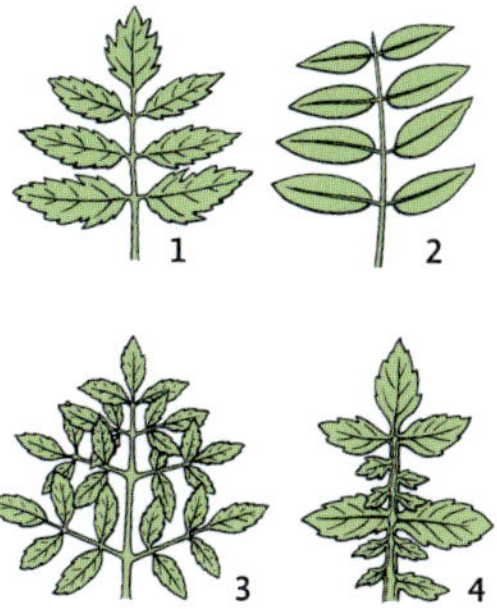

zusammengesetzte Blätter
1 unpaarig gefiedert 2 paarig gefiedert
3 doppelt gefiedert 4 unterbrochen gefiedert

Blattspreiten
1 linealisch 2 lanzettlich 3 spatelig 4 länglich 5 eiförmig 6 verkehrt eiförmig 7 länglich eiförmig 8 rundlich 9 schildförmig 10 nierenförmig 11 herzförmig 12 pfeilförmig 13 handförmig gelappt 14 fiederschnittig 15 handförmig geteilt 16 handförmig zusammengesetzt (hier siebenzählig) 17 dreizählig

Blattränder
1 ganzrandig 2 gewimpert 3 gekerbt 4 gebuchtet 5 gesägt 6 doppelt gesägt 7 gezähnt
8 dornig gezähnt 9 gezähnt gebuchtet

Extremes Leben im Gebirge

Wind und Wetter, Kälte, Trockenheit und Hitze – das Leben in den Alpen steckt voller Gefahren. Da Pflanzen vor ihnen nicht einfach fliehen können, müssen sie sich mit Tricks behelfen.

Alpenblumen sind wie alle Landpflanzen fest an ihren Standort gebunden. Um unter den unwirtlichen Lebensbedingungen des Hochgebirges zu überstehen, haben sie vielfältige Anpassungen hervorgebracht. Doch was genau sind die Gefahren?

Gefahren in der Höhe

Wenn wir zu einer Bergtour starten, stecken wir sicherheitshalber Pullover und Anorak in den Rucksack, denn je höher wir kommen, desto kälter wird es. Pro 100 m Höhengewinn sinkt die Temperatur um etwa 0,5 °C. Für die Pflanzen verkürzt sich damit außerdem die Wachstumszeit um jeweils eine Woche. Dazu steigt mit der Höhe die jährliche Anzahl der Frosttage: Bei 2000 m Höhe sind es 200 Tage, bei 3000 m gar 300 Tage.

Aber auf den Bergen ist es nicht nur kälter, es treten dort auch große Temperaturunterschiede auf: Zwischen Tag und Nacht oder zwischen sonnigen und schattigen Stellen an Fels oder Boden können die Schwankungen bis zu 60 °C betragen. Pflanzen müssen diesen schnellen und extremen Wechsel aushalten können.

Als weitere Gefahr droht ihnen die Austrocknung. Starke Winde und trockene Luft in den Bergen erhöhen den Wasserverlust durch Verdunstung. Daher müssen Alpenpflanzen sparsam mit dem Wasser umgehen können.

Und nicht zuletzt brauchen sie auch Mechanismen, um Pflanzenfresser abzuwehren, die in der Berglandschaft nach frischer Nahrung suchen.

Tricks zum Überleben

Wuchsformen: Dicht über dem Boden ist die Luft noch halbwegs warm. Kleinwüchsige Pflanzen können davon am ehesten profitieren. Auch austrocknendem Wind und Schneeschliff sind sie weniger stark ausgesetzt. Zudem sind die Transportwege von den Wurzeln zu den Blättern bei ihnen kürzer. **Spalierpflanzen** wie die Gämsheide oder die Netzweide schmiegen sich eng an den Boden und nutzen die dort gespeicherte Wärme optimal aus. Eine gut geeignete Wuchsform ist auch die **Polsterbildung**, wie sie beim Stängellosen Leimkraut auftritt. Die eingeschlossene Luft unter dem Blätterdach isoliert wie eine Bettdecke und hält Feuchtigkeit wie ein Moospolster fest. Auch werden die abgestorbenen Pflanzenteile im Innern gleich zu Humus umgearbeitet. Andere Pflanzen wie etwa Mannsschild oder Steinbrech haben ihre Grundblätter kranzförmig in **Rosetten** angeordnet, um Wärme zu speichern und die Verdunstungsfläche zu verringern.

Lange Wurzeln: Die Wurzeln vieler Alpenpflanzen sind bis zu fünfmal länger als der oberirdische Teil. Damit können sich die Pflanzen besser im Boden veran-

Die Polster des Stägellosen Leimkrautes erhöhen die Überlebenschancen.

kern und mehr Wasser und Nährstoffe speichern. Die Pflanze lebt sogar weiter, wenn oberirdische Teile verdorren oder erfrieren.

Wasserspeicher anlegen: Der Regen versickert viel zu schnell im Boden. Um dem zu begegnen, haben Hauswurzen und Mauerpfeffer eine perfekte Lösung gefunden – die dicken Blätter sind umfunktioniert zu Wassertanks, die das Regenwasser schnell aufnehmen und lange speichern.

Schutz vor Verdunstung: Für Alpenpflanzen ist es besonders wichtig, das aufgenommene Wasser nicht wieder zu verlieren. Viele Pflanzen wie etwa das Edelweiß schützen ihre Blätter und Stängel mit dichter Behaarung. Andere Arten besitzen Blätter mit Wachsüberzug (Alpen-Wachsblume) oder ledrige Blätter (Alpenrosen oder Stängelloser Enzian). Bei Krähenbeere und Gämsheide sind die seitlichen Blattränder nach unten eingerollt, um die Verdunstung auf der Blattunterseite zu verringern.

Hauswurzblätter sind ideale Wasserspeicher.

Haare schützen vor Kälte und Verdunstung.

Schutzpigmente: In der dünnen Höhenluft ist die ultraviolette Sonnenstrahlung nicht nur für uns Menschen, sondern auch für Pflanzen ungesund. Wir Menschen haben Schutzpigmente in der Haut, die wie eine Sonnencreme wirken. Bei dosierter Sonneneinstrahlung verschaffen sie uns einen braunen Teint.

Pflanzen besitzen ebenfalls solche UV-absorbierenden Pigmente, allerdings sind sie bei Alpenblumen farbig. Dementsprechend wird ein blauer Enzian bei Sonneneinstrahlung noch blauer. Blütenpflanzen im Gebirge leuchten daher besonders intensiv, und diese Farbenpracht ist bitter nötig, um bestäubende Insekten anzulocken.

Fraßschutz: Wie wehrt sich eine Pflanze gegen harte Zähne? Man muss nur an die Distel denken, und kennt bereits eine Lösung. Mit wehrhaftem Gewand aus spitzen Dornen schützt sich beispielsweise der Silber-Mannstreu gegen hungrige Schafe und Ziegen. Andere Arten haben sich darauf verlegt, Bitterstoffe (bei den Enzianen) oder giftige Alkaloide (bei Alpen-Greiskraut oder allen Hahnenfuß-Arten) herzustellen. Ein Tier, das einmal an solchen Pflanzen geknabbert hat, wird es bestimmt kein zweites Mal versuchen.

Frostschutz: Um bei extremer Kälte nicht zu erfrieren, stellen die Pflanzen ihren eigenen Frostschutz her. Bei tiefen Temperaturen wird Zucker nicht mehr in Stärke umgewandelt, also steigt der Zuckergehalt in der Pflanze. Ein hoher Zuckergehalt wiederum setzt den Gefrierpunkt herab und verhindert damit ein Gefrieren des Zellsaftes.

Anpassung an kurze Vegetationszeit: Eine alte Bergbauernweisheit besagt, dass der Frühling langsam die Berge hinauf- und der Herbst schnell von den Bergen herabsteigt. In dieser kurzen Zeitspanne gilt es viel zu leisten: blühen, Früchte bilden und Samen verbreiten.

Es verwundert daher nicht, dass in den Alpen mehrjährige Pflanzen (Stauden) überwiegen. Blätter und Blüten werden oft schon im Herbst angelegt und überwintern unter einer schützenden Schneedecke.

Winterschnee tut gar nicht weh

Wer hätte das gedacht! Wir bringen Schnee meist in Verbindung mit Kälte und Frieren. Für Alpenpflanzen ist er jedoch ein wahrer Segen. Schnee enthält Luft – und Luft isoliert recht gut. Die herbstliche Restwärme im Boden bleibt damit über Monate unter der Schnee-

Krokuswiese nach der Schneeschmelze

decke gespeichert. Ohne eine dicke und lang anhaltende Schneedecke würden die Alpenrosen erfrieren. Schmilzt der Schnee im Frühling langsam ab, lässt er genügend Licht durch, sodass die Pflanzen schon frühzeitig Photosynthese betreiben können. Damit sind Krokusse, Alpenglöckchen, Schneerosen und Gegenblättriger Steinbrech bestens gerüstet, um gleich nach dem Schwinden des Schnees aufzublühen.

Nicht ganz unwichtig sind Frost und Schnee auch für Wintersteher wie Kriechendes Gipskraut, Stängelloses Leimkraut oder Hoppes Felsenblümchen. Hier reifen die Samen gar erst im Winter und werden dann vom Wind oder im Frühjahr vom Schmelzwasser verbreitet.

Überleben in Schutt und Fels

Schutthalden und Fels sind kahl und öde. Es gibt hier Vegetation, aber die ringt hart um ihr Dasein.

An kahlen Felswänden müssen sich die Pflanzen auf einzelne Ritzen und Absätze beschränken, auf Schutt- und Geröllhalden gilt es, der Beweglichkeit des Bodens zu trotzen. Und immer müssen die Pflanzen mit kleinsten Mengen an Feinerde und Humus auskommen.

Standfest auf beweglichem Schutt

Die ständige Umlagerung des Gerölls durch Steinschlag, Regengüsse und Frosteinwirkung erlaubt es nur wenigen Pflanzen, auf Schutthalden Fuß zu fassen.

Erste Pioniere sind **Schuttwanderer** wie das Rundblättrige Täschelkraut. Sie weichen dem bewegten Schutt elastisch aus, indem sie mit verlängerten Sprossen und Ausläufern die Hohlräume im Geröll durchkriechen und sich in der Feinerde verankern.

Anders verhalten sich die **Schuttkriecher** wie das Alpen-Leinkraut oder das Breitblättrige Hornkraut, die sich mit schlaffen Trieben über den Schutt legen.

Schuttdecker wie Silberwurz und Kriechendes Gipskraut gehen massiver vor. Sie überziehen den ruhigeren Schutt mit dichten Decken, die fest im Untergrund verwurzelt sind.

Schuttstrecker wiederum dringen mit kräftigen Stängeln durch das lockere Gestein und halten es pflockartig auf. Typische Vertreter sind etwa die Großblütige Gämswurz oder der Säuerling.

Alpenmohne stemmen sich mit tiefen Wurzeln gegen den Schutt.

Noch wirksamer stemmen sich **Schuttstauer** wie Alpenmohn oder Gletscher-Hahnenfuß mit tief in den Schutt eindringenden Wurzeln gegen das wandernde Geröll.

Wurzeln schlagen in steilem Fels

Die ersten Pioniere auf Felsgestein sind **Algen**. Sie ertragen stärkste Durchfrierung und Durchhitzung und bereiten den Fels auf die Verwitterung vor. Als Nächstes folgen **Flechten**, zum Beispiel die Landkartenflechte, die auf Silikatgestein vorkommt. Wo sich nun im Fels ein Quäntchen Humus bildet, siedelt das **Moos**, dessen zartes Wurzelwerk mit Säuren das Gestein lockert und es damit aufnahmefähig für die Samen und Wurzeln höherer Pflanzen macht. Mit seinen kleinen Ritzen, Spalten und Absätzen bietet der Fels ausreichend Raum für Wurzeln und kommt so den siedlungswilligen **Blütenpflanzen** entgegen.

Allerdings sind die Lebensbedingungen am Fels besonders hart – Sturm, Frost, Sonnenglut und Trockenheit erfordern Spezialisten, die sich an diese Bedingungen anpassen. Einige Felspflanzen wie Mauerpfeffer und Aurikel haben wasserspeichernde Blätter. Feinwurzeln des Stängel-Fingerkrautes wachsen tief in allerfeinste Haarrisse der Kalkfelsen hinein. Steinbrech- und Mannsschildarten wiederum rücken ihre Rosetten zu kugelähnlichen Polstern zusammen.

Das Musterbeispiel einer extrem dichten Kugelpolsterpflanze ist der Schweizer Mannsschild. An schneefreiem Fels übersteht er selbst im Winter die härtesten Wetterattacken. Absterbende Blätter werden im Innern des Polsters zu Humus zersetzt, sodass kaum organische Substanz verloren geht. Haushälterischer Umgang mit den im Humus gespeicherten Nährstoff- und Wasservorräten sowie langsames Wachstum führen oft zu großen Polstern, die Jahrzehnte alt werden können.

Wahre Gipfelstürmer

Obwohl das Überleben für Alpenpflanzen mit zunehmender Höhe immer schwerer wird, können doch mehr als 200 Arten über 3000 m aufsteigen. Über 4000 m sind es immerhin noch 9 Arten, darunter Alpen-Mannsschild, Kurzblättriger Enzian und Flachblättriger Steinbrech. Der Gletscher-Hahnenfuß, langjähriger Höhenrekordler, wurde inzwischen vom Zweiblütigen Steinbrech in 4450 m Höhe (Dom, Wallis) abgelöst. Neueste Untersuchungen zeigen auch, dass die Gipfelflora unter dem Einfluss der globalen Erwärmung in den letzten 20 Jahren fast dreimal stärker angewachsen ist als in den vorangegangenen 80 Jahren. Der Kampf um einen Platz an der Sonne ist damit eröffnet.

Höhenrekordler: der Zweiblütige Steinbrech

Auf den Boden kommt es an

Manche Gegenden der Alpen sind sehr viel reicher an Pflanzenarten als andere. Die unterschiedliche Verteilung der Arten wird erheblich von Gesteinsunterlage und Bodenaufbau bestimmt.

Blumen über Kalk und Silikat

Jeder Gartenfreund weiß, dass Wachstum und Gedeihen der Pflanzen vom Boden und dessen Säuregrad abhängen. Dies gilt auch für die Pflanzen im Gebirge. Die bunteste Blumenfülle finden wir stets dort, wo sich Kalk und Urgestein auf engstem Raum abwechseln. Eine Reihe von Pflanzen zieht Kalkböden vor oder toleriert diese wenigstens. Andere Arten kommen dagegen nicht mit Kalk zurecht. Sie wachsen besser auf Silikatböden wie Gneis und Granit.

Vor allem Unterschiede im Säuregrad (pH-Wert) des Bodens und in der Versorgung mit mineralischen Nährstoffen sind für das Pflanzenwachstum wichtig. Kalkgesteine reagieren neutral bis basisch. Sie sind leicht wasserlöslich und wasserdurchlässig und damit insgesamt trockener als Silikatböden, die sauer reagieren und oft feuchter und schwerer sind. Kalkliebende Pflanzen müssen neben der relativen Trockenheit des Bodens zudem mit einem Überschuss an Kalzium und einem Mangel an Mineralstoffen fertig werden. Kalkmeidenden Pflanzen steht dagegen meist ein reiches Angebot an Mineralien in verwertbarer Form zur Verfügung. Es lohnt sich

Die Aurikel bevorzugt Kalkböden.

daher, einige typische Pflanzen und Pflanzengesellschaften auf Kalk oder Silikat kennenzulernen, denn dem genauen Beobachter können sie viel über die Bodeneigenschaften verraten.

Stellvertreterpaare

Besonders interessant sind dabei Pflanzenarten aus ein und derselben Gattung, die ähnlich aussehen, einander aber auf Kalk- oder Silikatgestein vertreten.

Kalkzeiger	Silikatzeiger
Alpen-Hahnenfuß	Gletscher-Hahnenfuß
Alpen-Küchenschelle	Schwefel-Küchenschelle
Breitblättriges Hornkraut	Einblütiges Hornkraut
Schweizer Mannsschild	Gletscher-Mannsschild
Aurikel	Behaarte Primel
Clusius-Enzian	Stängelloser Enzian
Gelber Enzian	Punktierter Enzian
Behaarte Alpenrose	Rostrote Alpenrose
Großblütige Gämswurz	Clusius-Gämswurz
Mannsschild-Steinbrech	Seguiers Steinbrech

Kalk oder Silikat?

Wer schon einige Kalk- und Silikatpflanzen kennt, kann leichter auf die jeweilige Bodenunterlage schließen. Einen weiteren Anhaltspunkt liefert auch die **geologische Grob-Einteilung** der Alpen: Nord- und Südalpen weisen vorwiegend Kalkgestein auf, die Zentralalpen dagegen bestehen meist aus Silikatgestein.

Präzisere Vorstellungen gewinnt man durch **geologische Karten**, die sich heute zum Teil schon aus dem Internet herunterladen lassen.

Auch die **Form der Berge** kann Hinweise geben: Steil aufragende Wände, zackige Grate oder ausgedehnte Schutthänge am Bergfuß mit hellem Gestein bestehen fast immer aus Kalk oder Dolomit. Die Silikatberge sind dagegen mehr aus dunklerem Gestein aufgebaut, das eher flächig verwittert und daher weichere und rundere Formen aufweist.

Wer es genau wissen will, misst den **pH-Wert** des Bodens mittels handelsüblicher Teststreifen. Werte unter pH 7 deuten auf sauren Untergrund und damit auf Silikatgestein.

Düngerzeiger

Pflanzen geben aber nicht nur Auskunft über die Gesteinsunterlage. Eine Reihe von Alpenblumen wächst vorwiegend auf überdüngten Böden, wie sie an Wild- und Vieh-Lagerplätzen vorkommen. Vor allem im Umkreis von Alphütten sorgt eine kräftige Stickstoffzufuhr für üppiges Wachstum. Hier gedeihen hochwüchsige Pflanzen wie Blauer Eisenhut, Alpenampfer, Alpendost, Stachlige Kratzdistel und Weißer Germer. Auch der Röhrige Gelbstern sucht die dunggesättigte Nähe der Alphütten.

Der Gletscher-Mannsschild zieht Silikat vor.

Edelweiß – Alpenstern mit vielen Talenten

Einst war es Symbol für Tollkühnheit und alpinen Wagemut. Heute werben Mode und Tourismus mit dem schmückenden Edelweiß. Doch die Pflanze ist noch aus ganz anderen Gründen begehrt.

Karriere als Heilpflanze

Aus innerasiatischen Steppen erst nach der Eiszeit in die Alpen eingewandert, war das Edelweiß in Asien schon frühzeitig ein Symbol für langes Leben. In der alpenländischen Volksmedizin wurde es, gekocht in Milch und Honig, als „Bauchwehblume“ oder „Ruhrkraut“ zum Mittel gegen Magenverstimmungen und Durchfälle. Auch bei Angina, Diphtherie und Tuberkulose soll der weiße Stern geholfen haben. Wissenschaftliche Untersuchungen in den letzten Jahren bestätigten diese Erfahrungen. Man fand rund 40 verschiedene Substanzen, die entzündungshemmende oder antibakterielle Wirkung zeigten oder überragende Eigenschaften als Radikalenfänger an den Tag legten.

UV-Schlucker Edelweiß

Den blendend weißen Schimmer auf den sternförmigen Hochblättern des Edelweiß kennen Sie bestimmt von Bil-

Edelweiß-Kulturen im Wallis

Die sternförmigen Hochblätter schlucken viel UV-Strahlung.

dern. Er entsteht dadurch, dass Tausende kleiner Luftbläschen zwischen den krausen Haaren das einfallende sichtbare Licht reflektieren.

Was aber geschieht mit den für uns unsichtbaren UV-Strahlen? Ein belgischer Forscher konnte zeigen, dass jedes einzelne Haar von winzigen Längsfasern durchzogen ist, deren Durchmesser der Wellenlänge des UV-Lichtes entspricht. Die UV-Strahlen werden dadurch umgelenkt und der Länge nach durch die Härchen geschickt. Auf der langen Wanderstrecke wird die UV-Energie dann geschluckt. Industrie und Wirtschaft greifen inzwischen dieses Edelweiß-Vorbild auf und entwickeln neue Oberflächen mit eingebautem UV-Schutz.

Sonnengenuss mit Edelweiß-Kosmetik

Sonnenstrahlen sind verführerisch, doch Sie wissen es: Wir müssen sie in Schach halten. Besonders bei der starken UV-Strahlung im Hochgebirge reichen die Radikalenfänger, die unser Körper zum Schutz der Hautzellen produziert, nicht mehr aus. Sonnenschutzmittel mit Antioxidantien sind also gerade bei einer Bergwanderung unerlässlich.

Unter extremen Klimabedingungen wachsende Pflanzen wie das Edelweiß liefern diese Substanzen auf natürliche Weise. Für Kosmetik-Unternehmen mit biologischer Arbeitsweise lag es daher nahe, dieses Naturmaterial zu nutzen. Doch kamen dafür nicht die geschützten Wildpflanzen in Frage, sondern nur am natürlichen Standort angebaute Zuchtpflanzen. Heute betreiben im Wallis rund 150 Landwirte in 1300-1500 m Höhe ihre Edelweiß-Kulturen. In aufwendiger Arbeit erzeugen sie jährlich bis zu 10 Tonnen Edelweiß und bedienen damit pharmazeutische Forschung und kosmetische Industrie.

Fotografieren statt Pflücken!

Seit Ende des 19. Jahrhunderts steht das Edelweiß unter strengem Schutz. Pflücken oder gar Ausgraben sind streng verboten. Bergwacht, intensive Aufklärung und wachsende Einsicht haben trotz zunehmendem Alpentourismus die kritische Lage für das Edelweiß und andere Alpenpflanzen leicht entspannt. Das Edelweiß ist daher heute keinesfalls so selten wie oft berichtet. Ihre Chancen, selbst fündig zu werden, sind in den südlichen Alpen deutlich höher als in den nördlichen. Suchen Sie in montanen bis alpinen Lagen vor allem an sonnigen, kurzgrasigen Hängen über Kalkgestein, weniger am Fels. Oft werden Sie das Edelweiß zusammen mit Alpenastern antreffen. Kämpfen Sie dann gegen Trophäenjäger an und nehmen Sie nichts mit außer Erlebnissen und Eindrücken. Und die können Sie ja leicht mit der Kamera festhalten.

NATUR
AKTIV

Alpenblumen entdecken: in Stufen aufwärts

Wer verschiedene Klimazonen durchwandern will, muss nicht erst ganze Kontinente überqueren. Schon beim Aufstieg auf einen Alpengipfel lernt man unterschiedlichste Pflanzenlebensräume kennen.

Wandel der **Wälder**

Starten wir am frühen Morgen zu unserer **Bergtour**. Noch liegt Dunst über den Feldern, Wiesen und Auen der Tallagen, die wir schnell hinter uns lassen. Durch dichte Laubwälder steigen wir hinauf. Sie prägen das Bild in dieser **Hügelstufe**, die bis 500 m Höhe reicht.

Oberhalb davon ändert sich langsam die Zusammensetzung des Waldes. Mittlerweile herrscht die Buche vor, doch tauchen zwischendurch auch Eichen-, Tannen-, Föhren- oder Laubmischwälder auf. Wir haben die **untere Bergstufe** erreicht.

Ab 1000 m wandelt sich erneut das Bild. Wir durchwandern jetzt die **obere Bergwaldstufe**, in der es merklich kühler wird und sich unter die Buchen zunehmend Tannen und Fichten mischen. Zuoberst treten sogar reine Nadelwälder auf, mit Fichten, Lärchen oder Zirben. Dann öffnet sich der Wald, und wir treten hinaus auf die Wiesen und ausgedehnten Viehweiden der Almen. Diese sind vor langer Zeit durch Rodung der oberen Waldpartien und von Teilen des Krummholzgürtels entstanden. Hier können wir uns bei einem Picknick stärken und die Aussicht genießen.

Über die **Waldgrenze** hinaus

Nach kurzer Pause geht es weiter hinauf. Oberhalb von 1800 m wachsen nur noch aufgelockerte Fichten-, Lärchen- oder Arvenwälder. Das Klima in der **subalpinen Stufe** (1900–2400 m) setzt den Bäumen hart zu und lässt sie an ihre Überlebensgrenze kommen. Abrupt ändert sich das Landschaftsbild: Wir haben die **Waldgrenze erreicht**, die sich als markante Linie über die Hänge zieht. Intensive Holznutzung und Almwirtschaft haben sie in der Vergangenheit erheblich nach unten gedrückt.

Beim Höhersteigen lassen wir die letzten widerstandsfähigen Wetterbäume hinter uns. Der Pfad windet sich nun durch den **Krummholzgürtel** mit Legföhren und Alpenrosengebüsch.

In feuchteren Nordlagen und an Lawinenhängen wachsen Grünerlenbestände, und öfter führt der Weg vorbei an üppigen **Hochstaudenfluren** mit Eisenhut, Alpendost, Meisterwurz und Milchlattich.

Von Rasen, Schutt und Fels hinauf **ins ewige Eis**

Oberhalb von 2000 m treten Legföhren und Alpenrosen langsam zurück und werden von niedrigen Spalier- und Zwergsträuchern wie Kriechweiden,

Vegetationszonen auf einen Blick – vom Tal zum Gipfel

Gämsheide und Besenheide abgelöst. Wir sind in der **alpinen Stufe** (bis 3000 m) angelangt, in der die Vegetationszeit immer kürzer wird. Atmen wir einen Moment durch und schauen wir den vielen Insekten zu, die sich in den verschiedenen Rasen- und Schuttgesellschaften von der Farbenpracht und Formenvielfalt zu einem Blütenbesuch verleiten lassen.

Weit über 3000 m treffen wir in der **Schneestufe** auf eine stark aufgelockerte Vegetation: Blütenübersäte Polster quetschen sich in Felsnischen, und blühende Farbteppiche überziehen Schutt und Geröll. Ab 3500 m fällt dann mehr Schnee als abschmilzt – die klimatische Dauerschneegrenze ist erreicht. Oberhalb dieser Grenze wachsen Alpenpflanzen nur noch an schneefreien Graten und Felswänden bis weit über 4000 m hinaus.

NATUR TIPP

Optimale Tourenplanung

Aller Anfang ist schwer – auch beim Kennenlernen der Alpenblumen. Nützen Sie daher die Erfahrung naturinteressierter Berggänger und holen Sie sich für Ihre Tourenplanung Rat bei Alpenvereinen, botanischen Zirkeln und Bekannten. Fragen Sie auch nach beim Gästeamt vor Ort; vielleicht können Sie sich einer geführten Gruppe anschließen. Und packen Sie vor der Tour all die nützlichen kleinen Dinge in Ihren Rucksack: Karten, Kamera, Lupe, Fernglas und nicht zuletzt diesen Pflanzenführer.

NATUR
AKTIV

Blüten – schön und nützlich zugleich

Wer offenen Auges in den Bergen wandert, wird von der alpinen Blumenpracht immer wieder überwältigt. Doch die leuchtenden Blüten dienen nicht dazu, uns Menschen zu beeindrucken.
Hauptzweck der frohen Blütenfarben ist es, während der kurzen Vegetationszeit ausreichend Bestäuber anzulocken. Auf sie sind Alpenpflanzen angewiesen, um sich erfolgreich fortzupflanzen.

Klone entdecken?

Im Lauf von Jahrtausenden haben Pflanzen verschiedene Strategien der Arterhaltung entwickelt. Bei der vegetativen Vermehrung werden identische Tochterpflanzen gebildet. Ein **Seitentrieb** von Gletscher-Petersbart oder Hauswurzen ist genau so ein Klon.

Von „Bienchen" und Blümchen

Eine großflächgige Ausbreitung ist jedoch nur möglich, wenn Samen von **Wind**, **Wasser** oder **Tieren** über weite Strecken verfrachtet werden. Samenbildung setzt aber **geschlechtliche Vermehrung** voraus. Das Mittel der Wahl ist hier die Fremdbestäubung. Bei ihr werden die (weiblichen) Fruchtknoten mit Pollen aus den (männlichen) Staubbeuteln fremder Blüten bestäubt.

Tierische **Spediteure**

Bei Gräsern verteilt der Wind völlig frei riesige Pollenmengen. So verschwenderisch können Alpenblumen mit ihren Pollen nicht umgehen. Sie brauchen Pollen-

Die Blütenpracht ist nicht einfach nur schön – sie dient der Fortpflanzung.

nsekten sind lebenswichtige Pollen-Spediteure.

Spediteure, die ihre Fracht zielgenau zur fremden Pflanze bringen – die Insekten. Allerdings ist deren Service nicht kostenlos – farbige Blüten in großer Vielfalt, intensiver Duft, süßer Nektar und eiweißreicher Pollen sind Lockmittel und Lohn für die Transporteure. Wie Sie bei einem Blick über eine blütenreiche Bergwiese schnell erkennen können, sind hauptsächlich Falter, Fliegen und Hummeln als Bestäuber tätig.

Fangen Sie die **Schönheit** ein!

Stecken Sie für Ihre Bergtour **Lupe** und **Digitalkamera** ein. Sie sind ideale Werkzeuge, um die alpine Blumenpracht zu beobachten und einzufangen. Besonders sinnvoll sind Digicams mit **beweglichem Sucherdisplay**, weil man hier bequem aus der Froschperspektive und mit Einbeziehung der umliegenden Bergwelt fotografieren kann. Zuhause können Sie die Bilder beliebig oft am Bildschirm betrachten. Detailvergrößerungen und die Benennung der Digifotos helfen zudem, Ihre Blumenkenntnis weiter zu vertiefen. Mit der Zeit erhalten Sie auf diese Weise eine schnell verfügbare digitale Blumensammlung.

NATUR **TIPP**

Prachtvolle „Mischlingskinder“

Im zeitigen Bergfrühling können Sie auf warmen, steinigen Kalkböden die gelb blühende Aurikel und an Silikatfelsen die rot blühende Behaarte Primel finden. Beide Arten werden häufig von Tagfaltern besucht, die sich vereinzelt auch auf der anderen Art niederlassen. So entstehen farbenprächtige Mischlinge, die sogar fruchtbar sind und damit zu Stammeltern für viele Gartenprimeln wurden.

Christrose, Schneerose

Helleborus niger · Fam. Hahnenfußgewächse

Bis 30 cm hohe Staude mit kahlem, meist unverzweigtem Stängel und endständigen, weißen Blüten. ✿ Dez–Mai

Blätter am Grund lang gestielt, ledrig, überwinternd, mit lanzettlichen, gezähnten oder ganzrandigen Abschnitten; **Blüten** 5–10 cm breit, zuerst weiß, nach der Blüte rötlich bis grünlich, mit 5 eiförmigen Blütenblättern (eigentlich Kelchblätter), zahlreichen gelben Staubblättern und grünlichen, tütenförmigen Nektarblättern.

Standort Von Tallagen bis 1900 m, kalkhaltige Böden; buschige Hänge, Bergwälder.

Verbreitung In den östlichen S- und N-Alpen (westwärts bis Vorarlberg), Apennin, Kroatien. §

Wissenswert! Das Wurzelpulver wurde früher im Niespulver verwendet.

Alpen-Küchenschelle

Pulsatilla alpina ssp. *alpina* · F. Hahnenfußg.

20–50 cm hoch, behaart, mit aufrechtem, einfachem Stängel und weißen, endständigen Blüten. ✿ Mai–Jul

Blätter am Grund zur Blütezeit wenig entwickelt, gestielt, doppelt 3-teilig; Teilblätter fiederteilig, mit gesägten Zipfeln; unterhalb der Blüte 3 ähnliche Hochblätter; **Blüte** einzeln, 4–6 cm breit, ausgebreitet, mit meist 6 weißen Blütenblättern, außen oft bläulich überlaufen; Früchte mit langen, behaarten Griffeln.

Standort 1200–2700 m, kalkliebend; steinige Rasen und Weiden.

Verbreitung Kalkalpen, Jura, S-EU. §

Wissenswert! Im Volksmund wird der fiederhaarige Fruchtschopf (Unterschied zu Windröschen!) oft als Wildes Männle, Teufelsbart oder Hexenbesen bezeichnet.

Frühlings-Küchenschelle

Pulsatilla vernalis · Familie Hahnenfußgew.

Frühblüher mit kurzem, zottig behaartem Stängel und weißlichen Blüten mit goldbräunlichem Haarpelz. ✿ Apr–Jul

Blätter am Grund ledrig, überwinternd, einfach gefiedert, neue erst nach der Blüte; Hochblätter verwachsen; **Blüten** einzeln, aufrecht bis nickend, glockig-ausgebreitet, innen weiß, außen rosa oder blassviolett.

Standort Bis 3600 m, auf kalkarmen Böden; Magerrasen, Zwergstrauchheiden.

Verbreitung Alpen (vor allem zentrale Ketten), auch andere Gebirge von S- bis N-EU. §

Wissenswert! Der zottige Haarpelz, dem die Art den Volksnamen Pelzanemone verdankt, schützt die Pflanze vor den Unbilden des Bergfrühlings.

Narzissenblütiges Windröschen

Anemone narcissiflora · Fam. H.f.g.

20–50 cm hohe, behaarte Staude mit aufrechtem Stängel und weißen, oft rosa überlaufenen Blüten. ✿ Mai–Jul

Blätter am Grund handförmig; **Blüten** 2–3 cm breit, Früchte mit geschnäbeltem Griffel (anders bei Küchenschellen, ⇨ S. 20, 58, 140).

Standort 700–2500 m, über Kalk; Rasen, Hochstaudenfluren.

Verbreitung Alpen, Jura, Vogesen, Sudeten. §

Ähnlich **Monte-Baldo-W.** *A. baldensis*, niedrig, einblütig; bis 3000 m, Rasen, feiner Kalkschutt; S-Alpen, Pyrenäen, Karpaten. §

Christrose, Schneerose

Alpen-Küchenschelle
gehört zu den ersten Frühblühern im Jahr

Frühlings-Küchenschelle

Narzissenblütiges Windröschen

Eisenhutblättriger Hahnenfuß *Ranunculus aconitifolius* · Fam. H.f.g.

30–120 cm hohe Staude mit verzweigtem, beblättertem Stängel und zahlreichen weißen Blüten. ✿ Mai–Aug

△ Knospe

Blätter am Grund langstielig, tief geteilt; Blattabschnitte rautenförmig, gezähnt; Stängelblätter sitzend; **Blüten** an behaarten Stielen, 1–2 cm breit, mit 5 Kronblättern und rötlich überlaufenen Kelchblättern.

Standort Bis 2600 m; Quellfluren, Bachufer, Hochstaudenfluren, Feuchtwiesen und Weiderasen.

Verbreitung Alpen, Gebirge von M.- und S-EU.

Wissenswert! Alle Hahnenfuß-Arten sind giftig, daher werden sie vom Vieh gemieden. Als düngerverträgliche Art ist der E. H. oft in Massenbeständen anzutreffen.

Alpen-Hahnenfuß

Ranunculus alpestris · Fam. Hahnenfußgew.

5–15 cm hohe Staude mit meist einblütigem Stängel und 5 weißen, herzförmigen Kronblättern. ✿ Jun–Sep

Alpen-H.
Traunfellner H.

Blätter am Grund gestielt, glänzend, rundlich, gelappt; Stängelblätter einfach; **Blüten** bis 25 mm breit; viele gelbe Staubblätter.

Standort 1300–3000 m; lange schneebedeckte, kalkhaltige Rohböden.

Verbreitung Alpen, Karpaten, Apennin, Pyrenäen. §

Ähnlich **Traunfellner Hahnenfuß** *R. traunfellneri* in den SO-Alpen; Grundblätter matt, tief eingeschnitten.

Seguiers Hahnenfuß

Ranunculus seguieri · Fam. Hahnenfußgew.

Bis 15 cm hohe Staude mit aufrechtem, beblättertem Stängel und 1–3 weißen, gestielten Blüten. ✿ Mai–Jul

Frucht Kelchblatt

Blätter am Grund gestielt, handförmig, mit schmalen, spitzzähnigen Blattabschnitten; Stängelblätter ähnlich, jedoch kleiner; **Blüten** 20–25 mm breit, mit 5 breit eiförmigen Kronblättern sowie kürzeren, kahlen Kelchblättern; **Früchte** kugelig, mit hakenförmigem Schnabel.

Standort 1800–2400 m; auf feuchtem, mergeligem, kalkhaltigem Schutt.

Verbreitung SW- und Bergamasker Alpen, Südtirol, Krain; selten auch in Kärnten und Osttirol; isolierte Vorkommen in den Berner Alpen und im südlichen Französischen Jura; ferner Zentral-Apennin. §

Gletscher-Hahnenfuß

Ranunculus glacialis · Fam. Hahnenfußgew.

5–20 cm hohe, kahle Staude, oft mit mehrblütigem Stängel und erst weißen, später roten Blüten. ✿ Jul–Aug

◁ Kelchblatt

Blätter am Grund gestielt, fleischig, glänzend, handförmig, mit stumpfzähnigen Lappen; Stängelblätter sitzend, mit lanzettlichen Zipfeln; **Blüten** bis zu 3 cm breit; Kelchblätter außen rostbraun behaart, Krone und Kelch beim Verblühen nicht abfallend.

Standort Bis fast 4300 m; kalkarmer Schutt, Moränen, Fels.

Verbreitung Alpen (vor allem zentrale Kette), Pyrenäen, Karpaten; Arktis. §

Wissenswert! Die Art hat ihren Höhenrekord (4270 m) an den Zweiblütigen Steinbrech (⇨ S. 118; 4450 m) verloren.

Eisenhutblättriger Hahnenfuß

Alpen-Hahnenfuß

Seguiers Hahnenfuß

Gletscher-Hahnenfuß Blüten werden im Alter rötlich

Pyrenäen-Hahnenfuß

Ranunculus pyrenaeus · Fam. Hahnenfußg.

5–20 cm hohe Staude mit meist einfachem Stängel und weißen Blüten mit 5 Kronblättern. ✰ Mai–Jul

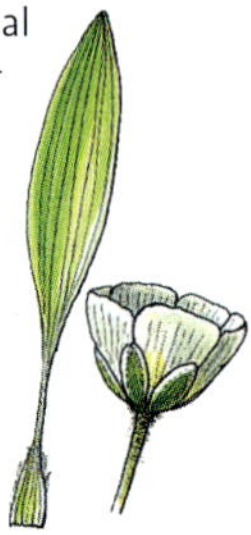

Blätter am Grund schmal lanzettlich, fast parallelnervig, kahl; Stängelblätter ähnlich, kleiner; **Blüten** 2–3 cm breit, mit eiförmigen Kronblättern, deutlich länger als die anliegenden, kahlen Kelchblätter.

Standort Bis 3000 m; auf feuchten Matten über kalkarmen Böden.

Verbreitung Seealpen bis Kärnten, vor allem Zentralalpen; Spanien, Pyrenäen, Korsika.

Wissenswert! Die flache Schalenblüte ist kurzrüsseligen Insekten leicht zugänglich. Bestäuber sind daher vor allem Fliegen und Tagfalter.

Herzblättriger Hahnenfuß

Ranunculus parnassifolius · Familie H.f.g.

5–15 cm hohe Staude mit aufsteigendem, oben zottig behaartem Stängel und weißen Blüten. ✰ Jun–Aug

Knospe

Blätter am Grund gestielt, herzeiförmig bis breit lanzettlich, ganzrandig, fast parallelnervig, jung an Rand und Nerven wollig behaart; **Blüten** aufrecht, 15–25 mm breit, teilweise rötlich überlaufen, mit 5 breit eiförmigen Kronblättern, die länger als die braunhaarigen, zottigen Kelchblätter sind.

Standort 1700–3000 m; feuchter, feinerdereicher und grusiger, kalkhaltiger Schutt.

Verbreitung Zerstreut bis selten von den Seealpen bis Kärnten und Steiermark; Pyrenäen, nordspanische Gebirge. §

Kerners Schmuckblume

Callianthemum kerneri · Fam. Hahnenfußg.

Bis 5 cm hohe Staude mit einblütigem Stängel und weißlichen, rosa bis lila überlaufenen Blüten. ✰ Mai–Jul

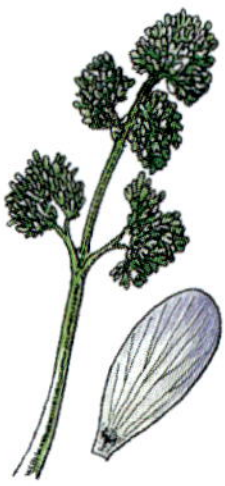

Blätter gefiedert; **Blüten** bis 35 mm breit, 10–20 Blütenblätter (anders bei Hahnenfuß-Arten, ⇨ u. a. S. 22 und oben).

Standort Subalpin, über Kalk; steinige Rasen.

Verbreitung Gardasee. §

Ähnlich Korianderblättrige S. *C. coriandrifolium*, weniger Blütenblätter; bis 2900 m; Alpen, Pyrenäen, Karpaten. §

Weißer Alpenmohn

Papaver sendtneri · Familie Mohngewächse

Bis 20 cm hohe, milchende Pflanze mit mehreren aufrechten, behaarten Stängeln und weißen Blüten. ✰ Jul–Aug

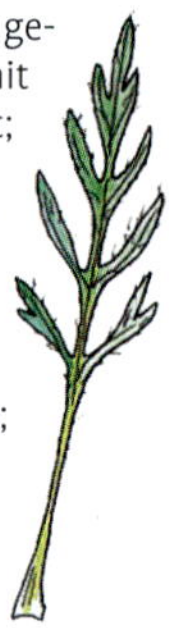

Blätter alle grundständig, gestielt, unpaarig gefiedert, mit lanzettlichen Fiedern, behaart; **Blüten** bis 5 cm breit, anfangs nickend, später aufrecht, mit 4 am Grund gelbgrünlichen oder dunklen Kronblättern; Fruchtknoten mit 5 kurz herablaufenden Narbenstrahlen; 2 hinfällige Kelchblätter.

Standort 1300–2600 m; Kalkschutt und -fels.

Verbreitung N-Alpen (Pilatus bis Dachstein). §

Wissenswert! Obwohl nur zerstreut vorkommend, ist der W. A. die häufigste weiß blühende Mohnart der Alpen.

Pyrenäen-Hahnenfuß

Herzblättriger Hahnenfuß

Kerners Schmuckblume

Weißer Alpenmohn hervorragender Schuttstauer

Zweiblütiges Sandkraut

Arenaria biflora · Familie Nelkengewächse

Rasig ausgebreitete Staude mit kriechenden Stängeln und weißen Blüten; auf feuchten Böden. ✿ Jul–Sep

Samen

Blätter breit eiförmig bis rundlich, 2–5 mm lang, mit kurzem, bewimpertem Stiel; **Blüten** zu 1–2 an aufrechten, langen Stielen, mit 5 eiförmigen Kronblättern, die kaum länger als die Kelchblätter sind; diese ein- bis 3-nervig und spitz; **Frucht**kapsel mit 6 kurzen Zähnen.
Standort 1700–3200 m; kalkarme Böden, Schneetälchen, offene Rasen, Schutt.
Verbreitung Silikatgebiete der Alpen; O-Pyrenäen, Karpaten, Apennin, Balkan.
Wissenswert! Die meisten Arten dieser Gattung wachsen auf sandig-kiesigen oder steinigen Böden (Name!), das Z. S. gedeiht jedoch auch gut auf rasigen Böden.

Wimper-Nabelmiere

Moehringia ciliata · Familie Nelkengewächse

Lockerrasig im Kalkschutt wachsende Staude mit ein- bis 3-blütigen Stängeln und weißen Blüten. ✿ Jun–Sep

Samen (unten) mit fransigem Anhängsel

Blätter linealisch-lanzettlich, fleischig, kurz zugespitzt, am Grund kurz bewimpert; **Blüten** 5-zählig, 5 mm breit, an aufwärts gebogenen Stielen; Kronblätter schmal-elliptisch, ganzrandig, etwas länger als der Kelch; Kelchblätter eiförmig, mit schmalem Hautrand; 3 Griffel, 10 Staubblätter.
Standort 1500–3000 m; Kalkschutt und -geröll, steinige Rasen.
Verbreitung Kalkgebirge von N-Spanien über die Alpen bis zum N-Balkan.
Wissenswert! Die glänzenden Samen tragen am Nabel ein gefranstes Anhängsel (deutscher Name!).

Krummblättrige Miere

Minuartia recurva · Familie Nelkengewächse

5–15 cm hoch, dichtrasig; mit aufsteigenden Stängeln, sichelförmigen Blättern und weißen Blüten. ✿ Jul–Aug

Blätter 3-nervig (getrocknet gut zu erkennen), schmal, spitz, gekrümmt, bis 10 mm lang, die obersten hautrandig; **Blüten** 5–10 mm breit, bis zu 8 auf dünnen, aufrechten Stielen; 5 eiförmige Kronblätter, knapp länger als die lanzettlichen, drüsig behaarten Kelchblätter.
Standort 1700–3100 m, kalkmeidend; lockere, offene Böden, steinige Rasen, Kuppen, Felsschutt, Lagen mit geringer Schneebedeckung.
Verbreitung S- und Zentralalpen; Iberische Gebirge bis Balkan. §
Wissenswert! Die K. M. wächst gerne an windverblasenen Graten, weil sie Trockenheit gut erträgt.

Frühlings-Miere

Minuartia verna · Familie Nelkengewächse

5–15 cm hohe, polsterförmig wachsende Staude mit dicht beblätterten Stängeln und weißen Blüten. ✿ Mai–Aug

Blätter wechselständig, linealisch-lanzettlich, bis zu 15 mm lang, gerade, flach, kahl, unterseits schwach 3-nervig; **Blüten** an dünnen, drüsenhaarigen Blütenstielen, oft mehrblütig in lockerem Blütenstand; 5 eiförmige, abgerundete Kronblätter, etwa so lang wie die schmalen, zugespitzten Kelchblätter.
Standort Bis in 3400 m Höhe, kalkliebend; steinige Rasen, Felsschutt, offene Böden.
Verbreitung Zerstreut in den Alpen und im Jura; Gebirge in EU außer Skandinavien. §
Wissenswert! Die F. wächst meist an licht- und wärmebegünstigten Standorten.

Zweiblütiges Sandkraut

Wimper-Nabelmiere

Krummblättrige Miere

Frühlings-Miere

Julisches Hornkraut

Cerastium julicum · Familie Nelkengewächse

5–15 cm hohe, dichtrasig wachsende Staude mit ein- bis 3-blütigen Stängeln und weißen Blüten. ✰ Jul–Sep

Blätter 10–30 mm lang, bis 2,5 mm breit, linealisch-lanzettlich, kahl, nur am Grund spärlich bewimpert, mit gekieltem Mittelnerv und umgebogenen Blatträndern; **Blüten** bis 20 mm breit; Tragblätter lanzettlich, kahl, die unteren krautig, die oberen hautrandig; Kronblätter tief eingeschnitten, bis doppelt so lang wie die lanzettlichen, behaarten und hautrandigen Kelchblätter; 5 Griffel; Fruchtkapsel doppelt so lang wie der Kelch, gerade.
Standort 1700–2400 m, kalkliebend; Felsen, Felsschutt, Geröll.
Verbreitung SO-Kärnten, Slowenien.
Wissenswert! Charakteristisch für die Hornkraut-Arten sind die oft tief ausgerandeten Kronblätter, meist 5 Griffel sowie aufspringende Kapseln mit doppelt so vielen Zähnen wie Griffel.

Einblütiges Hornkraut

Cerastium uniflorum · Fam. Nelkengewächse

5–10 cm hoch, dicht polsterrasig wachsend, mit weißen Blüten an behaarten Stielen. ✰ Jul–Sep

Blätter oval-lanzettlich, behaart; **Blüten** mit tief ausgerandeten Kronblättern.
Standort Bis 3400 m; kalkarme Böden, Schutt, Fels.
Verbreitung Zentralalpen bis Balkan.

Ähnlich **Langstieliges H.** *C. pedunculatum*, schmalblättrig, hat lange Blütenstiele; W-Alpen bis Tauern.

Breitblättriges Hornkraut

Cerastium latifolium · Fam. Nelkengewächse

Bis 10 cm hohe, lockerrasig wachsende Staude mit weißen, nur schwach ausgerandeten Blüten. ✰ Jul–Aug

Blätter bis zu 35 mm lang, eiförmig bis lanzettlich, meist unterhalb der Mitte am breitesten; **Blüten** bis 35 mm breit, mit krautigen Tragblättern; Kronblätter deutlich länger als die Kelchblätter; **Frucht**kapsel kaum gekrümmt.
Standort 1700–3500 m, nur auf Kalk; steinige Böden, Schutt, Fels.
Verbreitung W-Alpen bis N-Tirol.
Wissenswert! Der Gattungsname rührt von den oft hornartig gekrümmten Fruchtkapseln her. Das B. H. löst auf kalkreichen Böden das Einblütige Hornkraut der Silikatketten ab.

Kriechendes Gipskraut

Gypsophila repens · Familie Nelkengewächse

10–30 cm hoch, bereift, lockerrasig wachsend, Stängel aufsteigend, Blüten weiß bis blassrosa. ✰ Mai–Sep

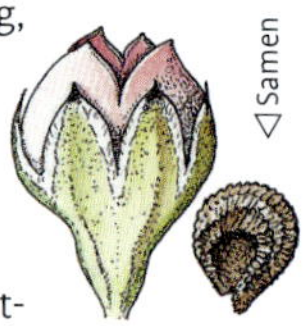

Blätter gegenständig, linealisch-lanzettlich, bis zu 30 mm lang; **Blüten** bis zu 10 mm breit, in rispenähnlichen Blütenständen; Kronblätter oft leicht ausgerandet, ohne Schlundschuppen; Kelch glockig, bis zur Mitte gespalten.
Standort 1300–3000 m, oft herabgeschwemmt; kalkreiche Böden, Schutt, Fels.
Verbreitung N- und S-Alpen; Gebirge von N-Spanien bis Karpaten, Jura, Harz.
Wissenswert! Von der kräftigen Pfahlwurzel entspringen beblätterte Zweige, die nach dem Abfallen der Blätter zu liegenden Wurzelstöcken werden. Damit wird das K. G. zum idealen Schuttdecker.

Julisches Hornkraut

Einblütiges Hornkraut

Breitblättriges Hornkraut

Kriechendes Gipskraut überzieht deckenartig den Schutt

Vierzähniger Strahlensame
Silene pusilla · Familie Nelkengewächse

5–20 cm hoch, lockerrasig, vielstängelig; Blätter linealisch; Blüten weiß, vorne ausgerandet bis vierzähnig. ✿ Jun–Aug

Stängel aufsteigend, einfach oder gabelig verzweigt, oben klebrig; **Blätter** 10–30 mm lang, 1 mm breit; **Blüten** gestielt, in wenigblütigen, lockeren Blütenständen; Kronblätter 7–8 mm lang, im Schlund mit 2-teiligen, 1 mm hohen Schuppen; 3 Griffel; Kelch 4–6 mm lang, becherförmig, hellgrün, mit 5 rötlichen Zähnen.

Standort Bis 2900 m, oft herabgeschwemmt, kalkliebend; feuchte, steinige Böden, Fels, Schutt, Bachgeröll.

Verbreitung Kalkketten der Alpen, Pyrenäen, Südjura, Apennin, Karpaten, Balkan.

Wissenswert! Der deutsche Gattungsname rührt von den flachen Samen des V. S., die am Rand kamm- bis strahlenförmig bewimpert sind. Der Artname bezieht sich auf das Aussehen der Kronblätter.

Felsen-Leimkraut
Silene rupestris · Familie Nelkengewächse

10–30 cm hoch, kahl, blaugrün, Stängel aufsteigend, gabelig verzweigt; Blüten weiß, selten rosa. ✿ Jun–Aug

Blätter gegenständig, lanzettlich, bis 20 mm lang; **Blüten** in endständigen, lockeren Blütenständen; Kronblätter bis doppelt so lang wie der Kelch, ausgerandet, mit kleinen Schlundschuppen; 3 Griffel; Kelch 4–10 mm lang, kreiselförmig, 5-zähnig.

Standort 800–2800 m; kalkarme, offene Rasen und steinige Böden, Fels und Schutt.

Verbreitung Alpen (Silikatketten); Spanien bis N-EU.

Wissenswert! Einige Arten der Gattung haben klebrige Stängel, daher der Name. Mit dem F. leicht zu verwechseln ist das **Kriechende Gipskraut** *Gysophila repens pusilla* ⇨ S. 49, das allerdings linealische Blätter besitzt, an den Kronblättern keine Schlundschuppen hat und auf Kalkböden wächst.

Alpen-Gänsekresse
Arabis alpina · Familie Kreuzblütengewächse

10–40 cm hoch, rauhaarig; Blätter den Stängel umfassend, Blüten weiß, gestielt, in dichter Traube. ✿ Mai–Sep

Blätter am Grund in Rosetten, gestielt, gezähnt; **Blüten** mit 6–10 mm langen Kronblättern; **Schoten** 20–60 mm lang.

Alpen-G.

Glanz-G.

Standort Vom Tal bis 3300 m; Schutt und Fels.

Verbreitung Kalkalpen; Gebirge in EU.

Ähnlich **Glanz-G.** *A. soyeri*, bis 30 cm hoch, kahl, mit glänzenden Blättern und weißen Blüten; Bachgeröll, Quellfluren.

Alpen-Breitschötchen
Braya alpina · Familie Kreuzblütengewächse

5–15 cm hoch, locker behaart, Blüten weiß bis blass rötlich, in gedrängter, doldenartiger Traube. ✿ Jun–Aug

Blätter am Grund in Rosetten, spatelig bis lanzettlich, ganzrandig oder gezähnt; Stängelblätter linealisch, sitzend; **Blüten** mit 3–4 mm langen Kronblättern; Kelchblätter mit violetter Spitze; **Schoten** an aufrechten Stielen, 5–11 mm lang.

Standort 2000–3000 m; Felsschutt, Moränen, steinige Rasen; auf Kalk und Glimmerschiefer.

Verbreitung Nur O-Alpen (Raum Innsbruck, Brennergebiet bis Hohe Tauern, selten). §

Wissenswert! Nach Graf von Bray benannt, der um 1800 Präsident der Regensburger Botanischen Gesellschaft war.

Vierzähniger Strahlensame

Felsen-Leimkraut

Alpen-Gänsekresse häufig auf Kalkfels und -schutt

Alpen-Breitschötchen

Alpen-Schaumkraut

Cardamine alpina · Familie Kreuzblütengew.

2–10 cm hohe, kahle Staude, Stängel einfach, kantig, mit weißen, kurzstieligen Blüten in doldiger Traube. ✿ Jul–Aug

Blätter fleischig, ei- bis rautenförmig; am Stängel sitzend; **Blüten** mit grünen, oben violetten Kelchblättern; **Früchte** (Schoten) 10–15 mm lang.

Standort Bis 3300 m; kalkarme Böden, Schneetälchen, Quellfluren.

Verbreitung Alpen, Pyrenäen.

Ähnlich **Resedenblättriges Schaumkraut** *C. resedifolia*, obere Blätter fiederteilig; kalkarme Böden.

Haselwurzblättriges Schaumkraut

Cardamine asarifolia · Fam. Kreuzblütengew.

25–70 cm hoch, Blätter lang gestielt, rundlich bis nierenförmig; Blüten weiß, in doldenartiger Traube. ✿ Mai–Jul

Stängel aufrecht, glatt, kahl, höchstens oben verzweigt; **Blätter** am Grund groß, ganzrandig, seicht gezähnt; Stängelblätter ähnlich, nach oben kleiner werdend. **Blüten** mit 8–12 mm langen, verkehrt eiförmigen Kronblättern und violetten Staubbeuteln; Kelchblätter halb so lang wie Kronblätter; **Früchte** (Schoten) 20–30 mm lang, bis 2 mm dick, in den kurzen Griffel zugespitzt, aufrecht abstehend.

Standort 800–2100 m, kalkmeidend; von sauerstoffreichem Wasser überrieselte Stellen, Quellfluren, Bachufer.

Verbreitung S-Alpen (Seealpen bis Gardasee), Pyrenäen bis Apennin.

Wissenswert! An Stängeln von Schaumkräutern sieht man oft schaumige Gebilde, in denen Zikadenlarven leben.

Alpen-Gämskresse

Pritzelago (Hutchinsia) alpina · F. Kreuzblüteng.

5–15 cm hohe Staude mit aufsteigenden bis aufrechten Stängeln und weißen Blüten in dichten, doldenartigen Trauben. ✿ Mai–Aug

Blätter fleischig, unpaarig fiederteilig, in Grundrosetten; **Blüten** mit 3–5 mm langen, breit eiförmigen Kronblättern, in einen stielartigen Nagel verschmälert; Kelchblätter kürzer, mit weißhäutigem Rand; **Früchte** (Schötchen) 4–5 mm lang, lanzettlich, in den kurzen Griffel zugespitzt.

Standort Bis über 3000 m; kalkhaltige Böden, feuchter Schutt, Schneetälchen.

Verbreitung Vor allem N- und S-Alpen; Pyrenäen bis Karpaten und N-Balkan.

Wissenswert! Die Pflanze enthält Senföle und schmeckt kresseartig. Sie wird von Gämsen gern gefressen (Name!).

Kugelschötchen

Kernera saxatilis · Familie Kreuzblütengew.

10–40 cm hohe, zierliche Staude mit dünnen, kantigen Stängeln und wenigen weißen Blüten in lockeren Trauben. ✿ Mai–Jul

Blätter am Grund in Rosetten, spatelförmig, rauhaarig; Stängelblätter kleiner, sitzend, kahl; **Blüten** gestielt; Kronblätter verkehrt eiförmig, bis 4 mm lang, nach der Blüte abfallend; Kelchblätter kürzer, kahl; **Früchte** (Schötchen) bis zu 3 mm breit, kugelig (Name!, links in der Zeichnung).

Standort 1200–2700 m, auf Kalk; steinige Rasen, Fels, Schutt.

Verbreitung Kalkketten der Alpen; Pyrenäen, Jura, Apennin, Karpaten, Balkan.

Wissenswert! Der wissenschaftliche Name dieser Pflanze ehrt den deutschen Botaniker J. S. Kerner (1755–1830).

Alpen-Schaumkraut

Haselwurzblättriges Schaumkraut

Alpen-Gämskresse

Kugelschötchen

Knöllchen-Knöterich

Bistorta vivipara · Fam. Knöterichgewächse

5–25 cm hoch, kahl; Blütenähre unten mit rotbraunen Brutknöllchen, oben mit weißen bis rosa Blüten. ✿ Jun–Aug

Brutknospe

Blätter lanzettlich; **Blüten** mit 5-blättriger Hülle, Brutknöllchen oft an der Ähre auskeimend.
Standort Bis 3000 m; Rasen, Moore.
Verbreitung EU, Asien, N-Amerika.

Ähnlich **Schlangen-Knöterich** *B. officinalis*, bis 80 cm hoch, mit dicht rosablütiger Ähre.

Zwerg-Mannsschild

Androsace chamaejasme · Fam. Primelgew.

2–10 cm hoch, lockerrasig, zottig behaart; Blattrosetten flach ausgebreitet; mit weißen Blüten. ✿ Jun–Aug

Blätter 5–15 mm lang, ganzrandig, lanzettlich; Blattrand, Stängel, Tragblätter und Kelch zusätzlich zu zottigen Haaren mit kurzen Drüsenhaaren besetzt; **Blüten** in endständiger, wenigblütiger Dolde; Krone 5–10 mm breit, mit gelbem Schlund und runden Zipfeln; Kelch glockig.
Standort Bis 3000 m, Kalkböden, Fels.
Verbreitung Alpen, Pyrenäen, Karpaten; N-Asien und N-Amerika. §
Wissenswert! Die kurze Kronröhre des Z. ist Fliegen zugänglich. Nach der Bestäubung wechselt die Blütenfarbe von Weiß nach Rosa. Dann lohnt sich für Fliegen ein Besuch nicht mehr.

Stumpfblättriger Mannsschild

Androsace obtusifolia · Familie P.g.

5–10 cm hoch, dicht kurzhaarig; weiße Blüten an bis 10 mm langen Stielen in endständiger Dolde. ✿ Jun–Aug

Blätter in locker stehenden Rosetten, 5–25 mm lang, schmal lanzettlich, vorn stumpflich (Name!), größte Breite oberhalb der Mitte; **Blüten** mit gelbem Schlund und rundlichen oder ausgerandeten Kronzipfeln.
Standort 1500–3500 m; kalkarme Böden.
Verbreitung Alpen (vor allem Silikatketten), Sudeten, Karpaten, Apennin, Balkan. §
Wissenswert! Der Gattungsname kommt vom Griechischen andros = der Mann, sakos = der Schild. Ursprünglich waren damit kolonienbildende Nesseltiere gemeint, später übertrugen Botaniker den Namen auf die truppweise wachsenden Alpenpflanzen.

Kottischer Mannsschild

Androsace carnea ssp. *brigantica* · Familie P.g.

2–8 cm hohe, lockerrasig wachsende Staude; Blüten weiß mit gelbem Schlund, in wenigblütigen Dolden. ✿ Jun–Jul

Blätter in Grundrosetten, am Rand kurzzähnig oder verdickt, schwach behaart; **Blüten** bis 8 mm breit.
Standort Bis 2500 m; auf kalkhaltigen oder sauren Böden, feuchten Rasen, Schieferschutt.
Verbreitung Seealpen bis Mont Cenis. §

Ähnlich **Fleischroter M.** *A. carnea* mit schmal lanzettlichen, fleischigen Blättern und rosa Blüten; W-Alpen, Pyrenäen. §

Knöllchen-Knöterich

Zwerg-Mannsschild besitzt lange, einfache Haare

Stumpfblättriger Mannsschild besitzt kurze Gabel- oder Sternhaare

Kottischer Mannsschild

Schweizer Mannsschild

Androsace helvetica · Familie Primelgewächse

Die festen, halbkugeligen Polster sind mit einer Pfahlwurzel tief im Fels verankert; Blüten weiß. ✿ Mai–Jul

Blätter kurz, länglich spatelig, dicht graufilzig von einfachen, abstehenden Haaren; Stängel oben mit lebenden, darunter mit abgestorbenen Blättern dicht dachziegelartig beblättert; **Blüten** einzeln in den obersten Blattachseln, kurz gestielt; Krone mit gelbem Schlundring, 4–6 mm breit, mit kurzer Kronröhre und abgerundeten Kronzipfeln.
Standort 1500–3700 m, an Kalkfels.
Verbreitung Kalkketten der Alpen. §
Wissenswert! Abgestorbene Blätter im Innern des Polsters bilden Humus, der schwammartig Wasser aufsaugt. Bestäuber des S. M. sind Fliegen.

Vandellis Mannsschild

Androsace vandellii · Familie Primelgewächse

Ähnlich dem Schweizer Mannsschild mit festen Polstern, jedoch dicht weißfilzig von Sternhaaren. ✿ Jun–Aug

Blätter 2–6 mm lang, schmal oval, größte Breite in der Mitte; Stängel unterhalb der endständigen, ausgebreiteten Blätter säulenförmig, dicht dachziegelig mit steifen, abgestorbenen Blättern besetzt; **Blüten** einzeln in den obersten Blattachseln, jeweils an 2–8 mm langen Stielen; Krone weiß mit gelbem Schlundring, 4–6 mm breit; Kelch 2–3 mm, bis zur Mitte geteilt, mit schmalen, eher stumpflichen Zähnen.
Standort 1900–3100 m; in Spalten und Ritzen von Silikatfelsen.
Verbreitung Zerstreut in Zentral- und S-Alpen, ostwärts bis Südtirol; Pyrenäen. §

Dolomiten-Mannsschild

Androsace hausmannii · Familie Primelgew.

In kleinen, flachen Polstern wachsend, bedeckt mit kurzen Gabelhaaren, Blüten meist weiß, außen rosa überlaufen. ✿ Jun–Aug

Blätter in einigen wenigen Rosetten, 5–10 mm lang, schmal lanzettlich, stumpf, beidseits und am Rand behaart; **Blüten** einzeln in den obersten Blattachseln, kurz gestielt; Krone 4–5 mm breit, mit gelbem Schlund und leicht ausgerandeten Zipfeln; Kelch bis zur Mitte geteilt.
Standort 2000–3100 m; Kalkfels und -schutt.
Verbreitung O-Alpen (Presolana bis Steiner Alpen, Berchtesgadener Alpen bis Steiermark). §

Silberwurz

Dryas octopetala · Familie Rosengewächse

5–15 cm hoher, immergrüner, oft großflächiger Spalierstrauch mit verholzten Trieben und weißen Einzelblüten. ✿ Jun–Aug

Blätter ledrig, eiförmig, mit gekerbtem und umgerolltem Rand, oberseits kahl und netzig geadert, glänzend, unterseits weißfilzig (Name!); **Blüten** 2–4 cm breit, auf langen, drüsenhaarigen Stielen in Blattachseln; Krone und Kelch 7- bis 9-blättrig; Griffel zur Fruchtzeit bis zu 3 cm lang, fedrig.
Standort 1200–2500 m; Kalkböden, steinige Rasen, Fein- und Blockschutt, Moränen.
Verbreitung Alpen (besonders die Kalkketten), Gebirge von S- und M.-EU, arktische Region. §
Wissenswert! Die filzige Behaarung der Blattunterseite reduziert die Verdunstung.

Schweizer Mannsschild bildet widerstandsfähige Kugelpolster

Vandellis Mannsschild

Dolomiten-Mannsschild

Silberwurz

Clusius-Fingerkraut

Potentilla clusiana · Familie Rosengewächse

5–10 cm hohe Halbrosettenstaude mit aufsteigenden, armblättrigen Stängeln und wenigen weißen Blüten. ✩ Jun–Aug

Blätter 5-zählig gefingert, Teilblätter keilförmig, an der Spitze gezähnt, abstehend behaart; Stängel die Blätter weit überragend; **Blüten** bis 2 cm breit; Kronblätter ausgerandet, den Kelch weit überragend; Kelchblätter außen rötlich überlaufen.

Standort 1400–2200 m; Kalkfelsen und -schutt.

Verbreitung O-Alpen, Balkan. §

Wissenswert! Benannt nach dem französischen Arzt und Botaniker Charles de L'Ecluse (lat. Carolus Clusius), 1526–1609, der auch die Alpenflora erforschte.

Stängel-Fingerkraut

Potentilla caulescens · Fam. Rosengewächse

10–30 cm hohe, seidig behaarte Halbrosettenstaude mit meist überhängenden Stängeln (Name!) und weißen Blüten. ✩ Jun–Sep

Blätter am Grund bis zu 15 cm lang gestielt, unterseits dicht behaart, 5-teilig gefingert, Teilblättchen mit Randzähnen; **Blüten** 15–25 mm breit, keilförmig, gestielt, in mehrblütigen, doldenartigen Blütenständen; Kronblätter rundlich, kaum länger als der Kelch; Staubfäden behaart, Staubbeutel und Griffel gelblich.

Standort Bis 2600 m; nur an Kalkfelsen.

Verbreitung Alpen, Gebirge in S-EU, Atlas. §

Wissenswert! Die Pflanze ist eine Charakterart der Kalkfelsspalten. Mit ihrem Wurzelsystem kann sie noch in kleinsten Ritzen überleben.

Sumpf-Herzblatt

Parnassia palustris · Fam. Herzblattgewächse

5–30 cm hoch, mit herzförmigen Rosettenblättern (Name!), kantigen Stängeln und weißen Einzelblüten. ✩ Jul–Sep

Blätter am Grund ganzrandig, bis zu 4 cm lang, gestielt; Stängel blattlos oder mit einem stängelumfassenden Blatt; **Blüten** 10–30 mm breit; Kronblätter eiförmig, mit deutlichen Längsadern; 5 fruchtbare Staubblätter im Wechsel mit 5 gelbgrünen, sterilen Nektarblättern, die keinen Nektar absondern.

Standort Tallagen bis 2700 m, kalkliebend; Quellfluren, Flachmoore.

Verbreitung Alpen (häufig); N-Halbkugel.

Wissenswert! Die gelben Köpfchen auf den Nektarblättern sind von fester Konsistenz, also keine Nektartröpfchen. Oft lassen sich Fliegen davon täuschen.

Weißlicher Süßklee

Hedysarum boutignyanum · Familie S.b.g.

20–60 cm hohe Staude mit aufsteigenden bis aufrechten Stängeln; zahlreiche weiße bis cremefarbige Blüten. ✩ Jul–Aug

Blätter unpaarig gefiedert, mit 9–17 eiförmigen, parallelnervigen Teilblättchen, fein bespitzt; **Blüten** hängend, in langer, einseitswendiger Traube, die Blätter überragend.

Standort 1500–2800 m; steinige Weiden, Schutthalden, Felshänge.

Verbreitung SW-Alpen (nur in Frankreich). §

Wissenswert! Nur kräftige Besucher wie Hummeln drücken durch ihr Gewicht die Flügel der Blüte herab. Narbe und Staubblätter treten aus dem oben offenen Schiffchen heraus und drücken gegen die Bauchseite der Hummel.

Clusius-Fingerkraut

Stängel-Fingerkraut

Sumpf-Herzblatt

Weißlicher Süßklee

Strauß-Steinbrech

Saxifraga cotyledon · Fam. Steinbrechgew.

20–80 cm hohe, stattliche Staude mit bis zu 15 cm breiten Rosetten und weißen Blüten in reichblütiger Rispe. ✿ Jun–Aug

Blätter 2–8 cm lang, ledrig, Rand fein gezähnt und mit Schüppchen; Stängel oft überhängend, drüsig, fast vom Grund an rispig verzweigt; Kronblätter schmal oval.

Standort Bis 2600 m; Silikatfelsen.

Verbreitung Pyrenäen bis Karpaten, N-EU. §

Zungen-Steinbrech

Saxifraga callosa · Fam. Steinbrechgewächse

20–60 cm hoch, Rosettenblätter schmal zungenförmig, Blüten weiß, in reichblütiger Rispe. ✿ Mai–Jul

Blätter bis zu 10 cm lang, Rand gekerbt, mit Kalkgrübchen; **Blüten** zu 5–10, Kronblätter schmal oval, 3-nervig, am Grund oft mit roten Punkten.

Standort 500–2500 m; an Kalkfelsen.

Verbreitung Seealpen, Apennin bis Sizilien. §

Trauben-Steinbrech

Saxifraga paniculata · Fam. Steinbrechgew.

5–40 cm hohe, oben rispig verzweigte Staude mit flachen Rosettenpolstern, Blüten weiß, oft mit roten Punkten. ✿ Mai–Aug

Blätter graugrün, länglich eiförmig, Rand knorpelig gezähnt, mit Grübchen; 1–3 **Blüten** je Rispenast.

Standort Bis 3400 m; Felsrasen, Schutt.

Verbreitung Alpen, Eurasien. §

Moos-Steinbrech

Saxifraga bryoides · Fam. Steinbrechgew.

2–10 cm hoch, in dichten Flachpolstern wachsend, mit aufrechten, einfachen Stängeln; gelbweiße Einzelblüten. ✿ Jul–Aug

Blätter schmal lanzettlich, einwärts gebogen, mit Stachelspitze und steif bewimpertem Rand; **Blüten** mit eiförmigen Kronblättern, am Grund mit orangegelben Punkten.

Standort Bis 4200 m; Silikatfelsen, Schutt.

Verbreitung Pyrenäen, Alpen bis Balkan. §

Polster-Steinbrech

Saxifraga diapensioides · F. Steinbrechgew.

3–8 cm hoch, in dichten, derben Polstern wachsend, dachziegelartig beblätterte Triebe mit 2–9 weißen Blüten. ✿ Jun–Aug

Blätter hell graugrün, eiförmig, kurz bewimpert, vorne mit Kalk-Grübchen; Stängelblätter und Blütenstiele drüsenhaarig; **Blüten** mit vielnervigen Kronblättern.

Standort 900–2900 m; Kalkfelsen.

Verbreitung W-Alpen (bis Wallis). §

Blaugrüner Steinbrech

Saxifraga caesia · Fam. Steinbrechgewächse

2–15 cm hoch, in flachen Polstern wachsend, Blätter blaugrün (Name!), Blüten weiß, zu 1–5. ✿ Jul–Sep

Blätter in Grundrosetten spatelig, vom Grund an zurückgebogen und nach außen gekrümmt, mit 5–7 Kalkgrübchen; **Blüten** mit 5-nervigen Kronblättern.

Standort 800–3000 m; Kalkfels und -schutt.

Verbreitung Alpen; Pyrenäen bis Balkan. §

Wissenswert! Mit Auszügen aus Steinbrechwurzeln wurden früher Nieren- und Blasenleiden behandelt.

Strauß-Steinbrech

Zungen-Steinbrech

Trauben-Steinbrech

Moos-Steinbrech Kronblätter außen weiß, innen gelb

Polster-Steinbrech

Blaugrüner Steinbrech

Furchen-Steinbrech

Saxifraga exarata · Fam. Steinbrechgewächse

3–12 cm hohe, weiche Polster bildende, drüsenhaarige Staude mit beblätterten Trieben; Blüten meist weiß. ✰ Jul–Aug

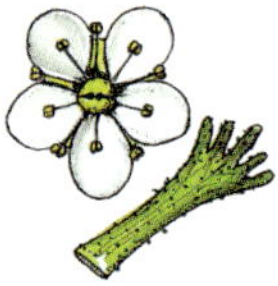

Blätter am Grund keilförmig, vorne 3–7-spaltig, deutlich nervig gefurcht (Name!); **Blüten** zu 2–10, Kronblätter doppelt so lang und breit wie Kelchblätter.
Standort Bis 3600 m; Silikatfels und -schutt.
Verbreitung Pyrenäen bis Balkan. §

Piemonteser Steinbrech

Saxifraga pedemontana · Fam. Steinbrechg.

5–20 cm hoch, polsterwüchsig, mit kräftigen Stängeln, dicht beblätterten Trieben und weißen Blüten. ✰ Jun–Aug

Blätter am Grund in Rosetten, flach, fleischig, vielnervig, hand- bis keilförmig, dicht drüsenhaarig, vorne tief 3–7-spaltig; **Blüten** zu 3–10 in gedrängter Doldenrispe; Kronblätter verkehrt eiförmig.
Standort 1500–2800 m, Silikatfels, Schutt.
Verbreitung Seealpen bis Grajische Alpen. §
Wissenswert! Alpine Steinbrechgewächse sind Stauden mit zwittrigen Blüten und meist 2 Griffeln.

Mannsschild-Steinbrech

Saxifraga androsacea · Fam. Steinbrechgew.

2–10 cm hohe, einzeln bis lockerrasig wachsende, drüsenhaarige Staude, Blüten weiß, an armblättrigem Stängel. ✰ Jun–Aug

Blätter am Grund in Rosetten, lanzettlich bis spatelig, behaart; 1–3 **Blüten**; Kronblätter abgerundet bis ausgerandet, 3-nervig, länger als der Kelch.
Standort 1400–3400 m; feuchter Kalkschutt, steinige Rasen, Schneetälchen.
Verbreitung Alpen, Pyrenäen bis Balkan. §

Dreizähniger Steinbrech

Saxifraga depressa · Familie Steinbrechgew.

5–10 cm hoch, lockerrasig wachsend, drüsig behaart, mit tief 3-zähnigen Rosettenblättern (Name!), Blüten weiß. ✰ Jun–Aug

Blätter am Grund dicklich, keilförmig; **Blüten** zu 3–7 an aufrechtem, armblättrigem Stängel; Kronblätter 3-nervig.
Standort 2000–2800 m; in schattigen Lagen auf feuchtem Schutt, oft auf Porphyr.
Verbreitung Nur in den W-Dolomiten. §

Sternblütiger Steinbrech

Saxifraga stellaris · Fam. Steinbrechgewächse

5–30 cm hohe, rasig wachsende Staude mit Ausläufern; Stängel blattlos, Blüten weiß, in lockerer Rispe. ✰ Jun–Sep

Blätter keilförmig, fleischig, grob spitzzähnig; **Blüten** am Grund gelbfleckig.
Standort Bis 3000 m; Quellfluren, feuchter Schutt.
Verbreitung Pyrenäen bis Balkan, Arktis. §

Rundblättriger Steinbrech

Saxifraga rotundifolia · Fam. Steinbrechgew.

10–50 cm hoch, verzweigt, mit rundlichen Blättern (Name!) und weißen Blüten in lockerer Rispe. ✰ Jun–Sep

Blätter in Grundrosetten lang gestielt, mit herzförmigem Grund, grob kerbzähnig, weichhaarig; obere Stängelblätter sitzend; **Blüten** an drüsenhaarigen Ästen; Kronblätter mit roten und gelben Punkten.
Standort 600–2500 m, schatten- und feuchtigkeitsliebend; Bachufer, Hochstauden- und Blockfluren, Grünerlengebüsche.
Verbreitung Alpen; Gebirge in M.- und S-EU, Pyrenäen bis Kaukasus. §

Furchen-Steinbrech

Piemonteser Steinbrech

Mannsschild-Steinbrech

Dreizähniger Steinbrech

Sternblütiger Steinbrech

Rundblättriger Steinbrech

Alpen-Leinblatt

Thesium alpinum · Familie Sandelgewächse

10–50 cm hohe Staude mit niederliegenden bis aufsteigenden, kantigen Stängeln und kleinen, weißen Blüten. ✩ Mai–Okt

Frucht

Blätter bis 4 cm lang, schmal linealisch, spitz, 1-nervig, kahl; **Blüten** in einseitswendiger, lockerer Traube, trichterförmig, außen grün, nur aus 4 bis zur Hälfte verwachsenen Kronblättern bestehend.

Standort Tallagen bis 3000 m; kalkhaltige, trockene, offene Böden, steinige Hänge.

Verbreitung Alpen und Vorland; S- und M.-EU, nach N bis S-Schweden.

Wissenswert! Leinblatt-Arten sind Halbschmarotzer, die mit Saugwurzeln in Wirtspflanzen eindringen und diese langsam schwächen.

Alpen-Seidelbast

Daphne alpina · Familie Seidelbastgewächse

20–100 cm hoher Strauch mit behaarten, sparrigen Zweigen und milchweißen, duftenden Blüten. ✩ Apr–Jun

Blätter vor allem an Zweigenden, bis zu 5 cm lang, lanzettlich, oberseits graugrün, unterseits heller; **Blüten** außen behaart, zu 2–10 büschelig in den obersten Blattachseln; Kronblätter fehlend; Kelch zu einer langen Röhre mit 4 kronblattartigen Zipfeln verwachsen; **Früchte** beerenartig, eiförmig, rot.

Standort 300–1900 m; kalkreiche, steinige Böden in warmen Lagen, Fels, Schutt.

Verbreitung Zentral- und S-Alpen; Pyrenäen bis Balkan. §

Wissenswert! Alle Seidelbast-Arten besitzen Blüten aus 4 verwachsenen Kelchblättern.

Meisterwurz

Peucedanum ostruthium · Fam. Doldengew.

40–100 cm hohe, kräftige Staude; Stängel gerillt; Blüten weiß bis rötlich, in vielstrahligen Döldchen. ✩ Jun–Aug

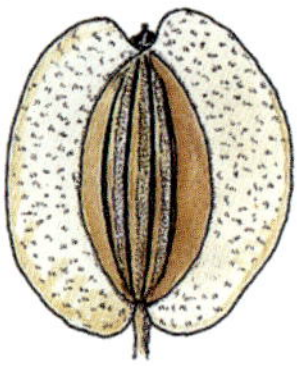

Blätter am Grund mit 3 großen Teilblättern, verschieden tief 3-teilig; Dolden bis über 10 cm breit; **Blüten** 3 mm breit, zu 40–50 in kleinen Döldchen; Kronblätter leicht ausgerandet; **Frucht** (Zeichnung) gelblich, mit breiten Seitenflügeln.

Standort 700–2700 m; feuchte Bergwiesen, Hochstaudenfluren, Schutt, Grünerlengebüsche.

Verbreitung Alpen, Gebirge in M.- und S-EU.

Wissenswert! Als Heilpflanze war die M. schon Paracelsus bekannt, sie wird heute noch in der Volksmedizin verwendet sowie zur Herstellung von Likören.

Berg-Bärenklau *Heracleum sphondylium* ssp. *elegans* · Fam. Doldengew.

50–150 cm hohe, kräftige Staude; gefurchter Stängel; Blüten weiß oder rosa, in vielstrahligen Döldchen. ✩ Jun–Sep

Blätter am Grund tief handförmig geteilt, unterseits mit behaarten Nerven; Stängelblätter 3-lappig, mit blasiger Scheide; Dolden oft ohne Hüllblätter, Döldchen vielstrahlig, mit spitzen Hüllchenblättern; **Blüten** am Döldchenrand mit größeren äußeren Kronblättern.

Standort Bis 2400 m, kalkliebend; Bergwiesen, Hochstaudenfluren.

Verbreitung W-Alpen bis Niederösterreich.

Ähnlich **Österreichischer Bärenklau** *H. austriacum*, bis 50 cm hoch, Blätter gefiedert, Blüten weiß bis rosa; NO- und SO-Alpen.

Alpen-Leinblatt Blüte besteht aus 4 Kronblättern

Alpen-Seidelbast Blüte besteht aus 4 Kelchblättern

Meisterwurz Blätter verschieden tief 3-teilig

Berg-Bärenklau Blätter handförmig bis 3-lappig

Striemensame *Molopospermum peloponnesiacum* · Familie Doldengewächse

60–150 cm hohe, kräftige und kahle, übel riechende Staude mit cremefarbigen Blüten. ✿ Mai–Jul

Blätter sehr groß, bis zu 100 cm lang, gestielt, 2–4-fach gefiedert; Teilblätter lang ausgezogen, fiederschnittig, mit vorwärts gerichteten Zipfeln; Gipfeldolden vielstrahlig, groß, darunter gegenständige oder quirlige Seitendolden; 6–8 ungleiche, blattähnliche Hüll- und Hüllchenblätter; **Blüten** mit abfallenden Kronblättern weißlich, Kelchzähne rundlich.
Standort 700–2000 m, saure Böden; Wiesen, Blockschutt, Felshänge und -spalten.
Verbreitung S-Alpen, Pyrenäen, N-Balkan.
Wissenswert! Der Artname rührt von den braunen Ölstriemen der Früchte her.

Österreichischer Rippensame *Pleurospermum austriacum* · F. D.g.

60–150 cm hoch, kräftige, kantig gefurchte und verzweigte Stängel mit weißen Blüten und gerippten Früchten. ✿ Jun–Aug

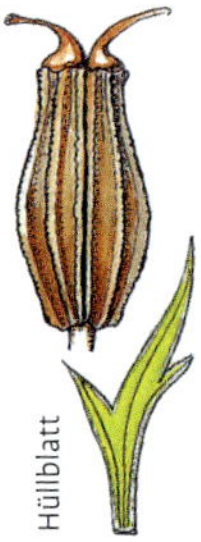

Blätter bis zu 50 cm lang, dunkelgrün glänzend, 2–3-fach fiederschnittig, mit langen, fiederteiligen Abschnitten; Dolden 10–15 cm breit (Enddolde besonders groß), flach, vielstrahlig; Hüll- wie Hüllchenblätter zahlreich, oft fiederspaltig; **Früchte** eiförmig, mit langen Rippen (Name!).
Standort Bis 2100 m; Kalkböden, Bachufer, Hochstauden- und Karfluren.
Verbreitung W-Alpen bis O-EU, Schweden.
Wissenswert! Die Art kommt in den Alpen nur zerstreut, jedoch meist truppweise vor.

Breitblättriges Laserkraut

Laserpitium latifolium · Familie Doldengew.

50–150 cm hoch, würzig riechend; gerillte, verzweigte Stängel, weiße Blüten in vielstrahligen Dolden. ✿ Jun–Aug

Blätter im Umriss dreieckig, bis 1 m lang, 2-fach gefiedert, Teilblätter breit eiförmig, meist asymmetrisch und grob gezähnt.
Standort 500–2400 m; kalkhaltige Böden, steinige Hänge, Hochstaudenfluren.
Verbreitung EU.

Ähnlich **Berg-Laserkraut** *L. siler*, Blätter blaugrün, bis 4-fach gefiedert, Teilblätter lanzettlich; felsige Hänge.

Hallers Laserkraut

Laserpitium halleri · Familie Doldengewächse

15–60 cm hoch, behaart, mit gerilltem Stängel, Blüten weiß und zahlreich, in vielstrahligen Dolden. ✿ Jun–Aug

Blätter graugrün, mehrfach gefiedert, mit spitzen Zipfeln; Stängelblätter sitzend; Hüll- und Hüllchenblätter lanzettlich; **Blüten** anfangs rötlich überlaufen.
Standort Bis 2700 m; Silikatböden.
Verbreitung W-Alpen bis S-Tirol.

Ähnlich **Französisches Laserkraut** *L. gallicum* in Gebirgen von SW-EU; Blätter mit keilig-bespitzten Teilblättern.

Striemensame

Österreichischer Rippensame

Breitblättriges Laserkraut

Hallers Laserkraut

Blassblütiger Storchschnabel

Geranium rivulare · Fam. Storchschnabelgew.

20–50 cm hoch, Stängel aufrecht, gabelig verzweigt; Blüten weiß, mit violetten Adern (Saftmale). ✮ Jun–Aug

Blätter am Grund fast eisenhutblättrig (früher daher auch Eisenhutblättriger Storchschnabel genannt), tief geteilt, mit langen Zipfeln; **Blüten** zu 8–12 am Stängel, Blütenstiele und Kelch anliegend, nicht drüsig behaart; Kronblätter 10–15 mm lang, Kelchblätter kurz bespitzt.
Standort 1400–2400 m, auf kalkarmen Böden; feuchter Schutt, Blockfluren, lichte Wälder.
Verbreitung W-Alpen (nach O bis S-Tirol). §
Wissenswert! Farb- oder Saftmale sind für Insekten Wegweiser zum Nektar. Damit sichert sich die Pflanze die Fremdbestäubung und kann daher selbststeril sein.

Alpen-Fettkraut

Pinguicula alpina · Fam. Wasserschlauchgew.

5–15 cm hohe, insektenfressende Staude mit blattlosem Stängel und weißer Einzelblüte mit gelbgrünem Sporn. ✮ Mai–Jul

Blätter in Grundrosette, breit eiförmig, mit aufgebogenem Rand, oberseits drüsig-klebrig; **Blüte** mit 3-lappiger Unterlippe und 2-lappiger Oberlippe; Schlund mit gelben Flecken und behaarten Wülsten. Das ähnliche **Gewöhnliche Fettkraut** *P. vulgaris* hat blauviolette Blüten mit weißem Schlundfleck.
Standort Bis 2700 m, Kalkböden; Flachmoore, Quellfluren, nasser Fels.
Verbreitung Alpen und Vorland; EU bis Sibirien. §
Wissenswert! Insekten bleiben auf der klebrig-drüsigen Blattoberfläche hängen und werden durch Verdauungssekrete verdaut.

Moosglöckchen

Linnaea borealis · Fam. Geißblattgewächse

Zwergstrauch mit Kriechtrieben; Stängel drüsenhaarig, meist mit 2 weißen bis zartrosa Blüten. ✮ Jul–Aug

Blätter gegenständig, rundlich bis oval, vorne kerbrandig, ledrig, wintergrün; **Blüten** mit trichterförmiger Krone, bis zu 10 mm lang, innen bärtig.
Standort 1000–2300 m, kalkmeidend; moosige Nadelwälder, Alpenrosengebüsche.
Verbreitung Alpen, N-EU, Arktis. §
Wissenswert! Das Moosglöckchen war die Lieblingsblume von Carl v. Linné (1707–1778), schwedischer Arzt und Naturwissenschaftler. Mit der Erarbeitung eines natürlichen Verwandtschaftssystems und der Benennung der Arten mit Doppelnamen hat er Ordnung in der Pflanzen- und Tierkunde geschaffen.

Felsen-Baldrian

Valeriana saxatilis · Fam. Baldriangewächse

5–30 cm hoch, mit einfachem Stängel; Blüten weiß, in end- bis blattachselständigen Trugdolden. ✮ Jun–Aug

Blätter ganzrandig, Grundblätter schmal verkehrt eiförmig bis lanzettlich, kerbzähnig, 3–5-nervig; Stängelblätter linealisch; **Blüten** 2–4 mm lang; **Früchte** mit Haarkranz.
Standort Bis 2700 m, kalkstet; steinige Rasen, Schutt, Felsspalten.
Verbreitung O-Alpen; Apennin bis Balkan.
Wissenswert! Alle Baldrian-Arten enthalten Alkaloide und vor allem ätherische Öle, die unangenehm riechen, in Verdünnung jedoch ihre vielfältige Heilkraft entfalten. Auf diese Eigenschaft bezieht sich auch der botanische Name: lateinisch valere = kräftig sein.

Blassblütiger Storchschnabel

Alpen-Fettkraut

Moosglöckchen

Felsen-Baldrian

Alpen-Maßlieb

Aster bellidiastrum · Fam. Korbblütengew.

5–25 cm hoch, einköpfig; Röhrenblüten gelb, zwittrig; Zungenblüten weiß, weiblich. ✰ Mai–Jul

Blätter alle in Grundrosette, länglich verkehrt eiförmig, stumpf gezähnt, besonders unterseits behaart; **Blüten** in aufrechten, 20–40 mm breiten Köpfen, mit halbkugeliger Hülle; Hüllblätter 2-reihig angeordnet, lang zugespitzt, oft rötlich überlaufen; bis zu 50 Zungenblüten, diese doppelt so lang wie die Röhrenblüten; **Früchte** eiförmig mit rauen Borsten.
Standort Von Tallagen bis 2800 m, kalkhaltige, feuchte Böden, Bachufer, Flachmoore.
Verbreitung Alpen, Balkan, Mittelgebirge.
Wissenswert! Die Art unterscheidet sich von anderen Astern durch den blattlosen Stängel.

Alpen-Wucherblume

Leucanthemopsis alpina · F. Korbblütengew.

5–15 cm hoch, rasig wachsend, mit einköpfigem Stängel, goldgelben Röhrenblüten und weißen Zungenblüten. ✰ Jul–Aug

Blätter am Grund gestielt, verkehrt eiförmig, fiederschnittig oder tief gezähnt; Stängelblätter sitzend, schmal lanzettlich, ganzrandig; **Blüten**kopf 20–40 mm breit, mit halbkugeliger Hülle, kürzer als die Zungenblüten; Hüllschuppen grün, mit dunkelbraunem, häutigem Rand. **Früchte** mit Krönchen.
Standort 1800–3900 m, kalkmeidend; feuchte, steinige Böden, Weiden, Geröll, Schneetälchen.
Verbreitung Alpen; Pyrenäen bis Balkan.
Wissenswert! Der Name Wucherblume leitet sich vom üppigen Wuchs der Art her.

Hallers Wucherblume

Leucanthemum halleri · Fam. Korbblütengew.

10–30 cm hoch, kahl, Stängel beblättert, einköpfig; goldgelbe Röhren- und weiße Zungenblüten. ✰ Jul–Aug

Blätter fleischig, beidseits mit 3–7 groben Zähnen; untere Blätter gestielt, obere sitzend, mit schmalen Zähnen; **Blüten**köpfe 35–50 mm breit; Zungenblüten länger als die Hülle; Hüllschuppen grün, mit schwarzem Hautrand (daher auch Schwarzrandige Margerite genannt); **Früchte** mit gezähnter Krone.
Standort 1100–2400 m, kalkstet; steinige Rasen, Schutt, Felsspalten.
Verbreitung O-Alpen bis in die Schweiz.
Wissenswert! Benannt nach dem Schweizer Arzt und Naturforscher Albrecht von Haller (1708–1777), Verfasser zahlreicher botanischer Werke und Abhandlungen.

Alpen-Pestwurz

Petasites paradoxus · Fam. Korbblütengew.

10–30 cm, fruchtend bis 60 cm hoch; Blütenköpfe in dichter Traube, weißrötliche Röhrenblüten. ✰ Apr–Jun

Blätter am Grund erscheinen erst gegen Ende der Blütezeit, dreieckig bis herzförmig, buchtig gezähnt, unterseits weißfilzig; Stängel mit rötlichen Blattschuppen; **Blüten**köpfe mit rötlicher Hülle; **Früchte** mit weißer Haarkrone.
Standort Von Tallagen bis 2700 m, kalkstet; steinige Hänge, Bachschotter, Felsschutt.
Verbreitung Alpen; Pyrenäen bis Balkan.

Ähnlich **Weiße Pestwurz** *P. albus*, Grundblätter breit nierenförmig, Röhrenblüten weiß; bis 2000 m, Bachufer, Hochstauden.

Alpen-Maßlieb Stängel blattlos

Alpen-Wucherblume

Hallers Wucherblume

Alpen-Pestwurz

Schwarzrandige Schafgarbe

Achillea atrata · Familie Korbblütengewächse

5–25 cm hoch, kaum duftend, locker behaart; beblätterter Stängel; blassgelbe Röhren- und weiße Zungenblüten. ✿ Jul–Sep

Blätter im Umriss länglich, tief fiederspaltig, mit meist 1–5-spaltigen Zipfeln, am Grund gestielt, obere Stängelblätter sitzend; **Blüten**köpfchen 15 mm breit, zu 3–15 in einer endständigen Doldentraube; Zungenblüten ausgebreitet, länger als die Hülle; Hüllblätter grün, mit breitem, schwarzem Hautrand (Name!); Spreublätter kahl.
Standort 1300–3000 m, am Finsteraarhorn bis fast 4300 m; Kalk- und Schieferböden, Felsfluren, Schutthalden, Schneeböden.
Verbreitung Nur in den Alpen, vor allem O-Alpen (Piemont und Savoyen bis Krain und Steiermark). §

Großblättrige Schafgarbe

Achillea macrophylla · Fam. Korbblütengew.

30–100 cm hoch, Stängel reichblättrig, Blütenköpfe mit weißen Zungen- und weißgelben Röhrenblüten. ✿ Jul–Aug

Blätter dunkelgrün; Blattspreite im Umriss eiförmig, fiederschnittig, auf beiden Seiten mit 2–8 grob gezähnten Abschnitten; **Blüten**köpfchen 10–15 mm breit, in lockerer Doldenrispe; Zungenblüten ausgebreitet; Hüllblätter braun berandet.
Standort Bis 2400 m; Hochstaudenfluren, Grünerlengebüsche.
Verbreitung W- und S-Alpen, Apennin. §
Wissenswert! Die Gattung wurde benannt nach Achilles, dem Helden vor Troja, der sich in die Heilkunde einweisen ließ und mit Heilkräutern Wunden behandelte.

Moschus-Schafgarbe

Achillea moschata · Fam. Korbblütengew.

5–20 cm hoch, stark aromatisch duftend, Stängel oben drüsenhaarig; weiße Zungen- und blassgelbe Röhrenblüten. ✿ Jul–Aug

Blätter grün, drüsig punktiert, untere gestielt, obere sitzend, fiederteilig, mit kammförmig angeordneten, linealischen Fiedern, die ganzrandig bis 3-spaltig sind; **Blüten**köpfchen lang gestielt in dichter Doldentraube; Hüllblätter gekielt, grün, dunkelbraun gerandet.
Standort 1500–3400 m, saure, steinige Böden.
Verbreitung Savoyen bis Steiermark.
Wissenswert! Die M. enthält das aromatische Iva-Öl und Bitterstoffe, die in der Volksmedizin bei Erkrankungen des Verdauungstrakts, bei Nervenschwäche und als Wundmittel verwendet werden.

Zwerg-Schafgarbe

Achillea nana · Familie Korbblütengewächse

5–15 cm hoch, weißwollig behaart, stark aromatisch duftend, mit weißen Zungen- und weißgelblichen Röhrenblüten. ✿ Jul–Aug

Blätter im Umriss länglich, tief fiederspaltig, beidseits mit ungeteilten oder bis 5-spaltigen Teilblättern; untere Blätter gestielt, die oberen fast sitzend; **Blüten**köpfchen in dicht halbkugeliger Doldentraube; Hüllblätter schwarz gerandet.
Standort 1800–3800 m, kalkarme Böden; Schuttfluren, Moränen, Schneetälchen.
Verbreitung W-Alpen (nach O bis Ortler).
Wissenswert! Die Gattung umfasst weltweit 140 Arten. Unkundige verwechseln die von Schafen gern gefressenen Pflanzen leicht mit Kerbeln (Doldenblütengewächse), daher der deutsche Name Schafgarbe.

Schwarzrandige Schafgarbe

Großblättrige Schafgarbe

Moschus-Schafgarbe

Zwerg-Schafgarbe

Silberdistel

Carlina acaulis · Familie Korbblütengewächse

1–20 cm hoch, disteIähnlich; Blütenkopf groß, mit strahlend weißen inneren Hüllblättern (Scheinblüte!). ✿ Jul–Sep

Blätter bis zum Mittelnerv buchtig fiederschnittig, stachelig gezähnt; Röhren**blüten** zahlreich, weißlich bis rötlich.
Standort Bis 2800 m, auf Kalk; magere Wiesen und Weiden.
Verbreitung Gebirge in M.- und S-EU. §
Wissenswert! Die S. ist auch eine Wetterdistel: Bei zunehmender Luftfeuchtigkeit krümmen sich die weißen Hüllblätter nach innen.

Ähnlich **Akanthusblättrige Eberwurz**
C. acanthifolia, Köpfe bis 15 cm breit, Blüten wie innere Hüllblätter goldgelb; bis 1800 m. §

Späte Faltenlilie

Lloydia serotina · Familie Liliengewächse

5–15 cm hoch, zierlich, kahl; meist 2 fadenförmige Grundblätter; Stängel mit weißer, weit trichteriger Blüte. ✿ Jun–Aug

Grundständige **Blätter** etwa so lang wie der Stängel; Stängelblätter schmal lanzettlich; **Blüten** endständig, 15 mm breit; Blütenhüllblätter mit kürzeren Staubblättern, am Grund gelb, mit Nektardrüsen, innen mit 3 braunroten Streifen.
Standort 1600–3100 m; saure Böden, Grate.
Verbreitung Alpen bis Balkan, arktische Region.
Wissenswert! Der wissenschaftliche Name bezieht sich auf den englischen Botaniker E. Lloyd, der die Pflanze im 17. Jh. in fossilen Ablagerungen entdeckte.

Trichterlilie

Paradisea liliastrum · Familie Liliengewächse

30–50 cm hoch, stark duftend, mit kahlem Stängel und weißen, trichterförmigen Blüten in einseitswendiger Traube. ✿ Jun–Jul

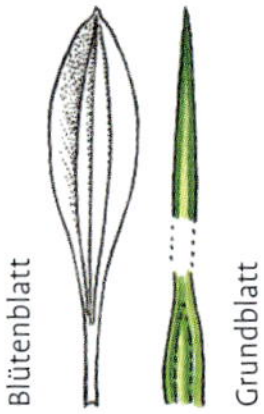

Blätter alle grundständig, grasartig, mit Scheide den Stängel umfassend; die 2–10 **Blüten** 3–5 cm lang; Tragblätter spitz, stängelumfassend; 6 Blütenhüllblätter und Staubblätter, Griffel mit verdickter Narbe.
Standort 800–2400 m, kalk- und wärmeliebend; sonnige Lagen auf Bergwiesen, in Hochstaudenfluren, Gebüsch.
Verbreitung Pyrenäen, Jura, W-, Zentral- und S-Alpen, Apennin. §
Wissenswert! Vom italienischen Botaniker Mazzucato benannt nach seinem Gönner, Graf G. Paradisi (1760–1826).

Weißer Affodill

Asphodelus albus · Familie Liliengewächse

50–150 cm hoch, Stängel aufrecht, röhrig, meist einfach; Blüten weiß, trichterförmig, in langer, dichter Traube. ✿ Mai–Jul

Blätter alle grundständig, grasartig, bis 60 cm lang, stark gekielt, graugrün; **Blüte** von Staubblättern weit überragt; 6 fast freie Blütenhüllblätter mit braunem Mittelnerv; Tragblätter braun, schmal oval, häutig.
Standort 300–2200 m, auf Kalk; nährstoffreiche Wiesen, Gebüsche.
Verbreitung S-EU, Spanien, SW-Frankreich, SW- und S-Alpen, W-Balkan. §
Wissenswert! Die 10 Arten der Gattung sind meist im Mittelmeergebiet verbreitet. Bei den alten Griechen war der W. A. Trauerpflanze, die den Übergang in die Unterwelt erleichtern sollte.

Silberdistel

Späte Faltenlilie blüht ab Juni, also eher früh

Trichterlilie

Weißer Affodill

Kleine Sterndolde

Astrantia minor · Familie Doldengewächse

20–40 cm, Stängel verzweigt, Blätter 5- bis 7-teilig, Blüten weiß, Hüllchenblätter lanzettlich. ✿ Jul–Aug

Standort bis 2700 m; saure Böden.
Verbreitung W-Alpen bis S-Tirol.

Ähnlich **Große Sterndolde** *A. major*: deutlich höher, weiße bis rötliche Hüllchenblätter; auf Kalk.

Alpen-Augenwurz

Athamanta cretensis · Fam. Doldengewächse

10–30 cm hoch, dicht grau behaart, mit würzigem Geruch und weißen Blüten in flachen Dolden. ✿ Mai–Aug

Blätter 3-fach gefiedert, mit linealischen Zipfeln; Dolden 5–15-strahlig, 1–5 Hüllblätter; **Blüten** mit vielen Hüllchenblättern.
Standort Bis 2600 m; Kalkfels und -schutt.
Verbreitung Alpen, Alb; Spanien bis Balkan.
Wissenswert! Die A. kommt nicht in Kreta vor. Der Gattungsname wurde von Linné auf den Göttersohn Athamas bezogen, Stammvater der Athamanen in NW-Griechenland.

Karpaten-Katzenpfötchen

Antennaria carpaticum · Fam. Korbblüteng.

5–20 cm hoch, wollig behaart, Blüten zweihäusig, in wenigen Köpfchen in kopfiger Dolde. ✿ Jul–Aug

Blätter alle lanzettlich; männliche **Blüten** (kl. Foto) weißgelb, weibliche weiß bis rot; Hüllblätter dachziegelig, die inneren bräunlich.
Standort 1400–3200 m, kalkarme Böden; windexponierte Lagen.
Verbreitung Alpen; Pyrenäen, Karpaten.

Edelweiß

Leontopodium alpinum · F. Korbblütengew.

5–20 cm hoch, weißfilzig behaart, Blütenstand mit sternförmigen, weißwolligen Hochblättern. ✿ Jul–Sep

Blätter schmal lanzettlich; **Blüten**köpfchen nur mit gelblichen Röhrenblüten in dichtem Blütenstand; die umgebenden Hochblätter bilden eine Scheinblüte.
Standort Bis 3400 m, meist kalkreiche Böden; steinige Rasen, selten Fels.
Verbreitung Alpen; Pyrenäen bis Balkan. §
Wissenswert! Das E. ist nach der Eiszeit aus den innerasiatischen Steppen eingewandert. Es ist also keine Felspflanze.

Frühlings-Krokus *Crocus vernus*

ssp. *albiflorus* · Fam. Schwertliliengewächse

5–15 cm, Blätter grasartig; Blüte mit häutigem Hochblatt, weiß bis violett, am Grund verwachsen. ✿ Mär–Jun

Blätter mit weißem Mittelnerv; **Blüte** glockig bis trichterförmig; 3 gelbe Staubblätter, länger als Griffel.

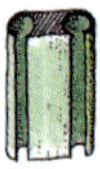
△ Blatt, quer geschnitten

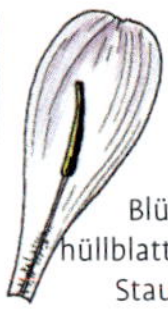
Blütenhüllblatt mit Staubbl.

Standort 600–2700 m, dichtrasig auf feuchten Böden und Weiden.
Verbreitung Alpen, Pyrenäen bis Balkan.

Sternblütige Narzisse *Narcissus poeticus* ssp. *radiiflorus*

· Fam. Narzissengew.

20–50 cm hoch, Blüte mit 6 weißen, sternförmig ausgebreiteten Zipfeln und gelber Nebenkrone mit rotem Rand. ✿ Apr–Jun

Blätter 5–8 mm breit, linealisch, fleischig; **Blüten**zipfel überdecken sich kaum; Nebenkrone kurz, mit krausem Rand.

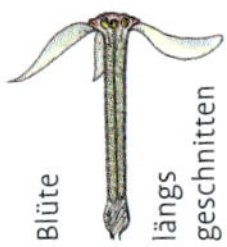
Blüte längs geschnitten

Standort Vom Tal bis 2200 m; nährstoffreiche, gedüngte Böden, feuchte Weiden.
Verbreitung Gebirge in M.- und S-EU. §

Kleine Sterndolde

Alpen-Augenwurz

Karpaten-Katzenpfötchen

Edelweiß

Frühlings-Krokus Griffel von Staubblättern überragt

Sternblütige Narzisse

Wolfs-Eisenhut

Aconitum lycoctonum · Fam. Hahnenfußgew.

50–150 cm hohe Staude mit aufrechtem Stängel und gelben Blüten in lockerer bis dichter Traube. ✿ Jun–Aug

Blätter tief handförmig 5- bis 7-teilig, mit grob gesägten Abschnitten; **Blüten** hellgelb, Helm doppelt so hoch wie breit, darunter 2 Nektarblätter.
Standort Bis 2400 m; Auwälder, Hochstauden- und Karfluren, feuchte Wiesen.
Verbreitung Alpen und Vorland, Jura, Vogesen, Schwarzwald; Karpaten, Balkan. §
Wissenswert! Alle Eisenhut-Arten sind hochgiftig. Mit Giftködern wurden früher Wölfe und Füchse getötet. Kurzrüsselige Raubhummeln beißen oft seitlich die Helme durch, um an den Nektar zu kommen.

Schwefel-Küchenschelle

Pulsatilla alpina ssp. *apiifolia* · Familie H.f.g.

Bis 50 cm hohe, behaarte Staude mit aufrechtem, einblütigem Stängel und endständigen, schwefelgelben Blüten. ✿ Mai–Aug

Blätter zur Blütezeit kaum entwickelt, dann gestielt, doppelt 3-teilig, fiederteilige Abschnitte der Teilblätter mit zugespitzten Zipfeln; unterhalb der Blüte 3 ähnliche Hochblätter; **Blüten** bis 6 cm breit, meist mit 6 Blütenblättern, außen oft bläulich überlaufen; **Früchte** etwas weniger behaart als bei der Alpen-Küchenschelle.
Standort 1200–2700 m, saure Böden; Rasen, Matten, Zwergstrauchheiden.
Verbreitung Silikatmassive der Alpen, seltener in den Kalkalpen; Pyrenäen, Gebirge Spaniens. §
Wissenswert! Die S. vertritt auf sauren Böden die kalkliebende Alpen-Küchenschelle.

Berg-Hahnenfuß

Ranunculus montanus · Fam. Hahnenfußg.

5–40 cm hohe Staude mit oft mehrblütigem Stängel sowie Blüten mit 5 goldgelben Kronblättern ✿ Mai–Sep

Blätter am Grund gestielt, glänzend, kahl oder schwach behaart, tief 3-teilig, mit eingeschnittenen bis gezähnten Abschnitten; Stängelblätter sitzend, 3- bis 7-teilig; **Blüten** gestielt, 2–3 cm breit.
Standort Bis 2800 m, kalkliebend; Rasen, Matten, Niedermoore, Schutt.
Verbreitung In verschiedenen Unterarten im gesamten Alpenraum; Jura.
Wissenswert! Zwar sind alle Hahnenfuß-Arten mehr oder weniger giftig, doch wird beim Trocknen zu Heu das giftige Protoanemonin in ungiftiges Anemonin umgewandelt, sodass das Heu vom Vieh gefahrlos gefressen werden kann.

Bastard-Hahnenfuß

Ranunculus hybridus · Fam. Hahnenfußgew.

10–20 cm hohe Staude mit aufrechtem Stängel, nierenförmigen Grundblättern und gelben Blüten. ✿ Jun–Aug

Blätter am Grund gestielt, ganzrandig, oben eingeschnitten, gekerbt oder gesägt; Stängelblätter tiefer zerteilt, die obersten einfach; alle Blätter derb, blaugrün bereift; **Blüten** 1–2 cm breit, mit 5 Kronblättern sowie kürzeren Kelchblättern.
Standort 1600–2500 m, über Kalk; Fels, Schutt, steinige Rasen, Latschenhänge.
Verbreitung Nördliche und südliche Kalkalpen, nach W bis Tirol und Bergamasker Alpen.
Wissenswert! Die scheiben- bis schalenförmigen Blüten des B. werden vor allem von kurzrüsseligen Insekten, meist Fliegen, besucht und bestäubt.

Wolfs-Eisenhut

Schwefel-Küchenschelle

Berg-Hahnenfuß

Bastard-Hahnenfuß

Trollblume

Trollius europaeus · Fam. Hahnenfußgew.

20–70 cm hohe, kahle Staude mit einblütigem Stängel und goldgelben Blütenköpfen. ✿ Mai–Jul

△Nektarblatt

Blätter am Grund handförmig geteilt, gestielt; Stängelblätter meist sitzend, 3-teilig; **Blüten** endständig, kugelig, bis 35 mm breit, mit 10–15 eiförmigen bis rundlichen Blütenblättern, innen mit hellgelben, kleinen, keulenförmigen Nektarblättern, so lang wie die zahlreichen Staubblätter.

Standort Bis über 2500 m, kalkliebend; feuchte Wiesen, Hochstaudenfluren.

Verbreitung M.- und NO-EU, Apennin, Spanien; in Berglagen häufiger als im Tal. §

Wissenswert! Die Kugelform der Blüte eröffnet nur kleinen Insekten den Zugang ins Innere. Hauptbestäuber sind daher kleine Fliegen.

Gelber Alpenmohn

Papaver aurantiacum · Fam. Mohngewächse

Bis 20 cm hohe, Milchsaft führende Staude mit steifhaarigen Stängeln und goldgelben Blüten. ✿ Jun–Aug

Blätter alle grundständig, gestielt, einfach gefiedert, Fiedern breit lanzettlich, mehrlappig, oft behaart; **Blüten** 4–5 cm breit, beim Aufblühen orange; Fruchtknoten mit 5–8 Narbenstrahlen; 2 braunhaarige, hinfällige Kelchblätter.

Standort 1800–3000 m, auf Kalk, Schiefer und Urgestein; beweglicher Schutt, Moränen.

Verbreitung S-Alpen, O-Pyrenäen, Balkan. §

Wissenswert! Die Alpenmohne sind typisch für die Schuttflora und stauen mit ihren Pfahl- und Seitenwurzeln bestens das Geröll.

Gelbes Seifenkraut

Saponaria lutea · Fam. Nelkengewächse

Bis 10 cm hohe, lockerrasig wachsende Staude mit aufrechten Stängeln und blassgelben Blüten. ✿ Jul–Aug

△ Kelch

Blätter am Grund schmal lanzettlich, Stängelblätter linealisch; **Blüten** bis 10 mm breit, in kopfigen Blütenständen; Kronblätter verkehrt eiförmig, ganzrandig, mit violettem Nagel und kurzen Schlundschuppen; Kelch behaart, 5-zähnig.

Standort 1500–2600 m, steinige Kalk- und Silikatböden, auf Fels und Schutt.

Verbreitung Zentrale W-Alpen. §

Wissenswert! Der deutsche wie der wissenschaftliche Gattungsname (lat. sapo = Seife) bezieht sich auf den oberflächenaktiven Inhaltsstoff Saponin.

Alpen-Knöterich

Polygonum alpinum · Fam. Knöterichgew.

30–80 cm hohe Staude mit unterirdisch kriechendem Wurzelstock, der an den Knoten wurzelt. ✿ Jun–Aug

Blätter an verzweigten, längsrilligen Stängeln, gestielt bis sitzend, lanzettlich, bis 15 cm lang, an Rand und Nerven bewimpert; **Blüten** 3–5 mm breit, gelblich weiß oder hellrosa, in lockeren, end- und seitenständigen Rispen; 3 Griffel mit roten Narben.

Standort 700–2400 m; auf kalkarmen, feuchten Böden, in Fettwiesen und Erlengebüschen.

Verbreitung Vor allem W- und S-Alpen, selten in Österreich; Gebirge in S-EU, O-EU, W-Asien.

Wissenswert! Der Name Knöterich bezieht sich auf die knotig gegliederten Stängel und die knotigen Wurzelstöcke.

Trollblume

Gelber Alpenmohn hervorragender Schuttstauer

Gelbes Seifenkraut nur in den West-Alpen, nicht häufig

Alpen-Knöterich

Berg-Kohl

Brassica repanda · Fam. Kreuzblütengew.

5–15 cm hohe, kahle, rasig wachsende Staude mit aufsteigenden, einfachen, blattlosen Stängeln mit gelben Blüten. ✰ **Jun–Aug**

◁ Schote

Blätter alle grundständig, bis zu 4 cm lang (bei anderen Kohl-Arten länger) gestielt, spatelförmig bis lanzettlich, gezähnt, glänzend, fleischig; **Blüten** gestielt, in einer endständigen, dichten Traube; Kronblätter 10–15 mm lang, gelb, schmal auslaufend; Kelchblätter grünlich getönt; **Früchte** (Schoten) gestielt, aufrecht abstehend, 20–50 mm lang, mit einem 2–3 mm langen Schnabel.
Standort 1500–2600 m; Kalk- und Schieferschutt, steinige Rasen.
Verbreitung SW-Alpen (von den Seealpen bis zu den Savoyer Alpen). §

Richers Schnabelsenf

Rynchosinapis richeri · Familie Kreuzblüteng.

20–60 cm hohe, kahle Staude mit aufrechten, beblätterten Stängeln und gelben Blüten in dichter Traube. ✰ **Jun–Aug**

Blätter in grundständiger Rosette, am Stängel in den Blattstiel verschmälert, meist ganzrandig; **Blüten** gestielt; Kronblätter 12–20 mm lang, lang benagelt; Kelchblätter aufrecht; **Früchte** (Schoten) gestielt, waagrecht abstehend, 50–80 mm lang, bis zu 20 mm langer Schnabel.
Standort 1600–2400 m; kalkarme, steinige Böden, Weiden, Schutt, Felsspalten.
Verbreitung W-Alpen. §
Wissenswert! Kreuzblütengewächse haben Blüten mit je 4 Kron- und Kelchblättern in endständigen Trauben und meist Schotenfrüchte.

Rainfarnblättrige Rauke

Hugueninia tanacetifolia · F. Kreuzblütengew.

20–100 cm hohe Staude mit aufrechten, beblätterten, flaumhaarigen Stängeln und gelben Blüten in doldenartiger Rispe. ✰ **Jun–Aug**

Blätter im unteren Teil gestielt, lang; Stängelblätter sitzend, jeweils bis auf den Mittelnerv fiederteilig, beidseits mit 4–10 schmal lanzettlichen, fiederschnittigen Teilblättchen; **Blüten** mit keilförmigen Kronblättern, bis zu 4 mm lang; **Früchte** (Schoten) aufrecht abstehend.
Standort 1700–2500 m; feuchte Böden, Hochstauden- und Lägerfluren, Schutt.
Verbreitung W-Alpen (Seealpen bis Wallis).
Wissenswert! Die R. R. ist die einzige Art dieser Gattung in EU (eine Unterart in N-Spanien).

Seealpen-Schöterich

Erysimum jugicola · Fam. Kreuzblütengew.

5–30 cm hohe, dicht behaarte Staude mit einfachen, kantigen und beblätterten Stängeln und gelben Kreuzblüten. ✰ **Jun–Aug**

Blätter am Grund in Rosetten, spatelförmig bis linealisch, 10–50 mm lang, 2–4 mm breit; 5–15 sitzende Stängelblätter, linealisch-lanzettlich, leicht gezähnt; **Blüten** kurz gestielt, in vielblütigem, dichtem Blütenstand; Kronblätter spatelig, 15–20 mm lang; Kelchblätter 6–8 mm lang, spatelig bis lanzettlich; **Früchte** (Schoten) 25–50 mm lang, 4-kantig, kurzgriffelig.
Standort Bis 3000 m, bodenvag; Rasen, Schutt, Fels.
Verbreitung Seealpen bis Grajische Alpen.
Wissenswert! Die Schöterich-Arten sind v. a. im Mittelmeergebiet und in N-Amerika verbreitet.

Berg-Kohl

Richers Schnabelsenf

Rainfarnblättrige Rauke

Seealpen-Schöterich

Alpen-Steinkraut

Alyssum alpestre · Fam. Kreuzblütengew.

5–20 cm hohe, dicht sternhaarige Staude mit verholzenden Trieben und gelben Blüten in gedrängten Trauben. ✫ Jun–Aug

Blätter 4–10 mm lang, breit eiförmig bis länglich lanzettlich, in den kurzen Stiel auslaufend, graugrün behaart; **Blüten** gestielt, mit 2–3 mm langen, keilförmigen, vorn abgerundeten Kronblättern; Kelchblätter kürzer; **Früchte** (Schötchen) rundlich bis elliptisch, sternhaarig, mit 2 mm langem Griffel.

Standort 1600–3100 m; Felsen, Schutt, alpine Rasen.

Verbreitung Seealpen bis Wallis. §

Wissenswert! Als Schötchen werden Früchte bezeichnet, die höchstens dreimal so lang wie breit sind, Schoten sind im Vergleich dazu deutlich länger.

Hoppes Felsenblümchen

Draba hoppeana · Fam. Kreuzblütengew.

1–5 cm hohe, dichtrasig wachsende, kahle Staude mit gelben Blüten zu 1–9 in gedrängtem Blütenstand. ✫ Jul–Aug

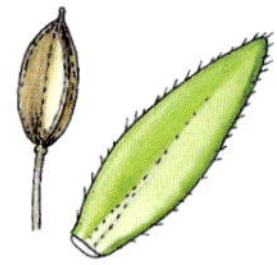

Blätter lanzettlich, bewimpert, gekielt, bis zu 10 mm lang, in Grundrosetten; **Blüten** mit 3–4 mm langen Kronblättern; **Früchte** (Schötchen) elliptisch.

Standort Bis 3600 m, auf Kalkschieferschutt.

Verbreitung Savoyen bis Kärnten. §

Ähnlich **Dolomiten-Hungerblümchen** *D. dolomitica* mit weißgelben Blüten und kaum gekielten Blättern; auf Kalkschutt.

Brillenschötchen

Biscutella laevigata · Fam. Kreuzblütengew.

15–50 cm hohe Staude mit gelben Blüten in lockeren, verzweigten Trauben und flachen, brillenförmigen Schötchen. ✫ Mai–Aug

Blätter am Grund bis zu 12 cm lang, gestielt, länglich-lanzettlich, ganzrandig bis grob buchtig gezähnt, rauhaarig oder kahl; Stängelblätter kleiner, sitzend; **Blüten** gestielt, Kronblätter 4–8 mm lang, schmal eiförmig; Kelchblätter gelbgrün, kürzer; **Früchte** mit Mittelnaht, geflügeltem Rand und 3–5 mm langem Griffel.

Standort Von Tallagen bis 2800 m, meist auf Kalk; steinige Rasen, Fels, Schutt.

Verbreitung Alpen und Vorland; Pyrenäen, Apennin, Karpaten, Tatra, Balkan.

Wissenswert! Mit seinem gut entwickelten Wurzelsystem hält sich das B. auch im Schutt.

Quirlblättriges Johanniskraut

Hypericum coris · F. Johanniskrautg.

10–40 cm hoch, am Grund verholzt, zahlreiche dünne, beblätterte Stängel und gelbe Blüten. ✫ Jun–Aug

Blätter zu 3–5 in Quirlen (bei anderen Arten gegenständig), sitzend, nadelförmig, mit umgerollten Rändern, fein durchscheinend punktiert; **Blüten** in lockeren, wenigblütigen Rispen; 5 freie, nicht drüsig punktierte Kronblätter, bis zu 10 mm lang; Kelchblätter halb so lang wie die Krone, der drüsig gestreiften Kapsel anliegend; zahlreiche, am Grund büschelig verwachsene Staubblätter.

Standort Von Tallagen bis in 2000 m Höhe, auf Kalk; trockene oder felsige Hänge.

Verbreitung Alpen (Seealpen bis Schweiz und Trentiner Dolomiten), N-Apennin.

Alpen-Steinkraut

Hoppes Felsenblümchen

Brillenschötchen

Quirlblättriges Johanniskraut

Geflecktes Johanniskraut

Hypericum maculatum · F. Johanniskrautgew.

20–70 cm hoch, mit 4-kantigen, beblätterten Stängeln sowie goldgelben Blüten in mehrblütigen Rispen. ✿ Jun–Aug

Blätter sitzend, bis zu 4 cm lang, schmal bis breit eiförmig, netzadrig, am Rand schwarzdrüsig punktiert; **Blüten** mit 5 schwarz gefleckten Kronblättern, 2- bis 3-mal so lang wie die ovalen Kelchblätter; bis zu 100 büschelig gruppierte Staubblätter.

Standort 500–2600 m; Fettwiesen, Hochstaudenfluren, Waldlichtungen.

Verbreitung Alpen; EU, Asien.

Wissenswert! Blühbeginn der Pflanze ist um den Johannistag (24. Juni), daher der Name. Johanniskräuter enthalten Wirkstoffe, die nervenberuhigend und entzündungshemmend wirken und bis heute in der Medizin verwendet werden.

Alpen-Sonnenröschen

Helianthemum alpestre · Fam. Zistrosengew.

5–20 cm hoher, dichtrasig wachsender, unten verholzter Halbstrauch mit 2–6 gelben Blüten in endständiger Traube. ✿ Jun–Jul

Blätter gegenständig, oval bis lanzettlich, am Rand flach, borstig behaart, meist ohne Nebenblätter; **Blüten** mit kleinen Tragblättern; Kronblätter 6–10 mm lang; Kelchblätter verschieden groß (3 größere und 2 kleinere); zahlreiche Staubblätter, die den Griffel überragen.

Standort 1000–2500 m; kalkhaltige Böden in warmen Lagen, offene Rasen, Fels.

Verbreitung Kalkalpen, selten in den Zentralalpen; Pyrenäen, Abruzzen, Karpaten, Balkan.

Wissenswert! Benannt ist die Art nach ihren leuchtend gelben Blüten und ihrem Vorkommen an sonnigen Stellen.

Großblütiges Sonnenröschen

Helianthemum nummularium ssp. *grandiflorum*

10–40 cm hoher, unten verholzter Halbstrauch mit aufsteigenden, oben behaarten Stängeln und gelben Blüten. ✿ Jun–Aug

Blätter gegenständig, nicht ledrig, schmal elliptisch, 2- bis 4-mal so lang wie breit, mit meist flachen Rändern, behaart bis kahl, kurz gestielt, stets mit Nebenblättern; **Blüten** sehr hinfällig, in wenigblütigen Trauben in den Blattachseln; Kronblätter 10–15 mm lang, verkehrt eiförmig; Kelch grünlich bis weiß behäutet, mit 3 großen und 2 kleineren, behaarten Kelchblättern; zahlreiche Staubblätter, die den Griffel nicht überragen.

Standort 1500–2500 m; trockene Böden, Rasen, Zwergstrauchgebüsche.

Verbreitung In den Alpen häufig; N-Spanien bis Karpaten, Balkan.

Aurikel

Primula auricula · Familie Primelgewächse

5–25 cm hohe, mehlig bestäubte oder kahle Staude mit leuchtend gelben Blüten in einseitswendiger Dolde. ✿ Apr–Jun

Blätter in grundständiger Rosette, derb, fleischig, mit Knorpelrand, eiförmig bis lanzettlich, ganzrandig oder entfernt gezähnt; **Blüten** gestielt, Krone bis 25 mm breit, duftend, mit ausgebreiteten Kronzipfeln; Kelch glockig, kürzer als die Kronröhre.

Standort Vom Tal bis 2900 m, auf Kalk; steinige Rasen, Fels, Schutt.

Verbreitung N- und S-Kalkalpen, S-EU. §

Wissenswert! Wo Kalk- und Urgestein aufeinandertreffen, findet man oft fruchtbare Kreuzungen zwischen A. und Behaarter Primel = Weichhaarige Primel (kl. Foto). Sie ist Stammart vieler Gartenprimeln.

Geflecktes Johanniskraut Blattrand und Blüten mit Punkten

Alpen-Sonnenröschen Blätter ohne Nebenblätter

Großblütiges Sonnenröschen Blätter mit Nebenblättern

Aurikel

Goldprimel

Androsace vitaliana · Familie Primelgewächse

2–5 cm hoch, lockerrasig; mit goldgelben, trichterförmigen Einzelblüten in den Blattachseln. ✿ Mai–Jul

Blätter in Grundrosetten, linealisch bis schmal lanzettlich, ganzrandig, kahl oder an Rändern wie auch Blütenstielen und Kelch hellgrau sternhaarig; **Blüten** kurz gestielt; Krone bis zu 20 mm breit, mit abgerundeten Zipfeln und langer Röhre; Kelch röhrig glockig, bis zur Mitte geteilt, mit schmal lanzettlichen Zähnen.

Standort 1800–3100 m; kalkarme Böden, Rasen, Feinschutt, Fels.

Verbreitung Seealpen bis Kärnten. §

Wissenswert! Die G. steht zwischen Primeln und Mannsschild-Arten. Name und Zuordnung dieser Art haben sich daher öfter geändert.

Gletscher-Petersbart

Geum reptans · Familie Rosengewächse

5–20 cm hohe Staude mit langen, wurzelnden und beblätterten Ausläufern (Schuttwanderer) und gelben Blüten. ✿ Jul–Aug

Blätter gefiedert, bis fiederteilig; **Blüten** 6- bis 8-zählig; Griffel fedrig, in schopfigem Fruchtstand, dem „Petersbart".

Standort Bis 3800 m; kalkarme Rohböden.

Verbreitung Gebirge von M.- und S-EU. §

Ähnlich **Berg-Petersbart** *G. montanum*, ohne Ausläufer, Fiederblätter mit ungeteilten Teilblättern; saure Böden.

Gold-Fingerkraut

Potentilla aurea · Familie Rosengewächse

5–35 cm hohe Halbrosettenstaude mit aufsteigenden, behaarten und reichblättrigen Stängeln; goldgelbe Blüten. ✿ Jun–Aug

Blätter am Grund 5-zählig gefingert (daher der Name Fingerkraut), oberseits glänzend grün, unterseits Nerven und Rand seidenglänzend behaart; **Blüten** 15–20 mm breit, am Grund der leicht ausgerandeten Kronblätter mit orangefarbenem Fleck (Nektarmal).

Standort 1300–3200 m; saure Böden.

Verbreitung Alpen, Berge in S- und M.-EU.

Wissenswert! Das G. ist eine alte Heilpflanze, die früher vor allem gegen Durchfall verwendet wurde. Im Gurgelwasser heilt es Halsentzündungen und Zahnfleischbluten, als Badezusatz hilft es bei schlecht heilenden Wunden.

Alpen-Gelbling

Sibbaldia procumbens · Fam. Rosengewächse

2–5 cm hohe, rasenwüchsige Staude mit niederliegenden bis aufsteigenden Stängeln und kleinen, gelbgrünlichen Blüten. ✿ Jun–Aug

Blätter am Grund gestielt, 3-teilig; Teilblättchen vorn 3-zähnig, unterseits behaart; Blüten unscheinbar, in armblütigen, kurz gestielten Trugdolden; Kronblätter schmal, hinfällig, kürzer als die lanzettlichen Kelchblätter.

Standort 2000–3300 m; saure, feuchte, lange schneebedeckte Böden.

Verbreitung Alpen; Gebirge in N-, M.- und S-EU.

Wissenswert! Bestäuber sind vorwiegend Fliegen und Ameisen, die durch den offen dargebotenen Nektar angelockt werden. Auch vegetative Vermehrung durch Neubewurzelung der Stängel ist möglich.

Goldprimel

Gletscher-Petersbart Schuttwanderer mit Ausläufern

Gold-Fingerkraut orangefarbene Flecken in der Blütenmitte

Alpen-Gelbling

Alpen-Mauerpfeffer

Sedum alpestre · Familie Dickblattgewächse

2–8 cm hoch, lockerrasig, mit dicht beblätterten, sterilen Trieben und gelben Blüten in gedrängtem Blütenstand. ✿ Jun–Aug

Blätter oft rötlich überlaufen

Blätter keulig-zylindrisch, fleischig, oft rötlich überlaufen, ungespornt am Stängel sitzend, wechselständig; **Blüten** 5–8 mm breit, kurz gestielt, mit eiförmigen, stumpfen Kronblättern, doppelt so lang wie die Kelchblätter; 10 gelbe Staubblätter.
Standort 1000–3400 m; saure Böden, Moränen, Schutt, Schneetälchen, Weiden.
Verbreitung Vorwiegend in den Zentralalpen; Gebirge in M.- und S-EU.
Wissenswert! Die offene Scheibenblume des A. ist auch kurzrüsseligen Insekten leicht zugänglich. Fliegen sind daher die Hauptbestäuber dieser Art.

Rosenwurz

Rhodiola rosea · Familie Dickblattgewächse

15–40 cm hoch, aufrechte, flachblättrige Stängel mit 4-zähligen, eingeschlechtigen Blüten in dichter Trugdolde. ✿ Jun–Aug

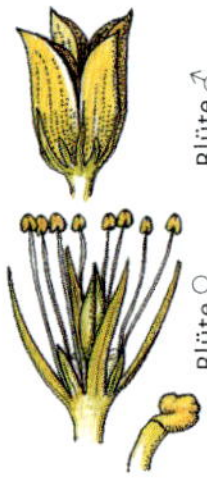

Blätter lanzettlich, fleischig, blaugrün, vorne gezähnt und oft violett überlaufen; **Blüten** mit 4 gelben Kronblättern, bei weiblichen Blüten oft fehlend; Kelchblätter kürzer, gelb oder rot; 4 Balgfrüchte.
Standort 1000–3000 m; kalkarme Böden, Hochstauden- und Blockfluren, Fels.
Verbreitung Pyrenäen bis Balkan, Arktis. §
Wissenswert! Der Wurzelstock riecht nach Rosen (Name!). Im Unterschied zur R. weisen die anderen Dickblattgewächse 5- bis mehrzählige, zwittrige Blüten auf.

Kugel-Hauswurz

Jovibarba hirta · Familie Dickblattgewächse

15–25 cm hoch, zahlreiche sterile, kugelige Rosetten (Name!) und blassgelbe, röhrig-glockige Blüten. ✿ Jul–Sep

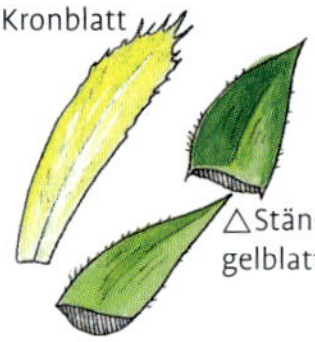

Blätter der Grundrosetten lanzettlich, oft rötlich überlaufen, am Rand bewimpert; Stängelblätter breiter (bis 10 mm), eiförmig bis lanzettlich, auf den Blattspreiten drüsig behaart, am Rand bewimpert, am Grund fast den Stängel umfassend; **Blüten** in gedrängter Scheindolde, 15–17 mm lang, 6-zählig; Kronblätter am Rand gefranst.
Standort Bis 2000 m; warme Hänge, Fels.
Verbreitung O-Alpen, bis Balkan. §
Wissenswert! Durch ihre 6-zähligen, glockigen Blüten mit gefransten Kronblättern unterscheidet sich die K. von den echten Hauswurzen.

Großblütige Hauswurz

Sempervivum grandiflorum · F. Dickblattgew.

10–30 cm hohe Staude mit sternförmig ausgebreiteten, drüsenhaarigen Rosetten; Blüten gelb, bis 30 mm breit. ✿ Jun–Aug

Blätter der Grundrosetten keilförmig, an der Spitze rotbraun wie die schmaleren Stängelblätter; **Blüten** mit meist 12 am Grund rotvioletten Kronblättern, diese länger als die Kelchblätter.
Standort Bis 3000 m, über Silikat; steinige Rasen, Schutt, Felsen.
Verbreitung W-Alpen (Wallis bis Val Susa). §

Ähnlich **Wulfens Hauswurz** *S. wulfenii*, mit blaugrünen, stachelspitzigen, nur am Rand drüsig bewimperten, sonst kahlen Blättern; bis 2800 m, auf sauren Böden; O-Alpen (Bergell bis Tauern). §

Alpen-Mauerpfeffer

Rosenwurz Blüten 4-zählig

Kugel-Hauswurz

Großblütige Hauswurz

Fetthennen-Steinbrech

Saxifraga aizoides · Familie Steinbrechgew.

5–20 cm hoch, rasig wachsend, mit aufsteigenden, locker beblätterten Stängeln; Blüten gelb bis orangerot. ✩ Jun–Sep

Blätter linealisch-lanzettlich, bewimpert, fleischig (Name!); **Blüten** in locker traubigem Blütenstand; Kronblätter mit dunkleren Punkten.
Standort 600–3100 m; Quellfluren, Schutt, Fels.
Verbreitung Pyrenäen bis Balkan, Arktis. §

Blattloser Steinbrech

Saxifraga aphylla · Fam. Steinbrechgewächse

1–5 cm hohe, lockerrasige Rosettenpflanze mit blattlosen Blütenstängeln (Name!); Blüten blassgelb. ✩ Jul–Aug

Blätter spatelförmig, vorn 3–5 stumpfe Zähne; **Blüten** meist einzeln am Stielende, mit schmalen, spitzen Kronblättern; Kelchblätter kürzer.
Standort 1500–3200 m; Kalkfels, -schutt.
Verbreitung O-Alpen (Kalkketten). §

Seguiers Steinbrech

Saxifraga seguieri · Fam. Steinbrechgewächse

Bis 6 cm hohe, lockerrasig wachsende Staude, Stängel mit wenig Blättern und Blüten, diese gelblich. ✩ Jul–Aug

Blätter in Grundrosetten spatelig lanzettlich, ganzrandig, drüsenhaarig wie Stängel und Kelch; **Blüten** zu 1–3; Kronblätter etwa so lang wie Kelchblätter, jedoch deutlich schmäler.
Standort Bis 3700 m; kalkfreier Schutt.
Verbreitung W-Alpen bis Dolomiten.

Presolana-Steinbrech

Saxifraga presolanensis · F. Steinbrechgew.

Bis 15 cm hohe, weiche Polster bildende Staude mit langen, klebrigen Drüsenhaaren; Blüten blass gelbgrünlich. ✩ Jul–Aug

Blätter in Grundrosetten spatelig lanzettlich; Stängel mit 1–2 **Blüten**; Kronblätter linealisch, oft ausgerandet.
Standort 1700–2350 m; steile Kalkfelsen, Höhlen, meist N-exponiert.
Verbreitung Bergamasker Alpen. §

Flachblättriger Steinbrech

Saxifraga muscoides · Fam. Steinbrechgew.

1–5 cm hoch, feste Flachpolster bildend, drüsig behaart; weißgelbliche bis zitronengelbe Blüten. ✩ Jul–Aug

Blätter in Grundrosetten linealisch lanzettlich, flach (Name!); **Blüten** mit meist ausgerandeten Kronblättern; Kelch deutlich kürzer.
Standort 2000–3000 m; Silikatschutt und -fels.
Verbreitung Kottische Alpen bis Tauern. §

Moschus-Steinbrech

Saxifraga moschata · Fam. Steinbrechgew.

2–10 cm hohe, dichte Polster bildende Rosettenpflanze mit gelblich grünen Blüten, nach Harz duftend (Name!). ✩ Jul–Aug

Blätter am Grund schmal lanzettlich, ganzrandig oder vorne 2–3-spaltig; 1–5 **Blüten** an drüsigen Stielen; Kronblätter so breit wie Kelchblätter.
Standort Bis 4000 m; Kalkfels, Schutt, Rasen.
Verbreitung Pyrenäen bis Balkan. §

Fetthennen-Steinbrech

Blattloser Steinbrech

Seguiers Steinbrech

Presolana-Steinbrech

Flachblättriger Steinbrech

Moschus-Steinbrech

Buchsblättrige Kreuzblume

Polygala chamaebuxus · Fam. Kreuzblumeng.

5–30 cm hoher, reich verzweigter Halbstrauch mit niederliegenden bis aufsteigenden Trieben. ✿ Apr–Jul

Blätter immergrün, ledrig, gestielt, schmal eiförmig, mit kurzem Spitzchen und nach unten umgerolltem Rand; **Blüten** schmetterlingsartig, zu 1–3 in den Blattachseln; Krone verwachsen, mit am Grund weißen, vorne gelben Blütenblättern, die beim Verblühen bräunlich werden; sehr ungleiche Kelchblätter.
Standort Vom Tal bis 2500 m, kalkliebend; steinige Rasen, Felshänge, lichte Wälder.
Verbreitung Alpen, Pyrenäen bis Balkan.
Wissenswert! Vor allem in den S-Alpen wächst eine größerblütige Form, deren Blüten bis auf das gelbe Schiffchen purpurrosa gefärbt sind.

Fuchsschwanz-Tragant

Astragalus centralpinus · Familie S.b.g.

40–150 cm hohe Staude; verzweigte, weißwollig behaarte Stängel; gelbe Blüten in eiförmigem Blütenstand. ✿ Jun–Jul

Blätter unpaarig gefiedert, mit 20–30 Blattpaaren und eiförmig lanzettlichen Teilblättern; **Blüten** aufrecht, bis zu 80 in fast sitzendem Blütenstand; Fahne länger als Flügel und Schiffchen; Kelch weißzottig behaart.
Standort 1400–2000 m; steinige Böden in warmen Lagen, Trockenhänge.
Verbreitung SW-Alpen (bis Aostatal). §
Wissenswert! Dieser stattliche Tragant wächst nur in inneralpinen Trockenzonen. Seine Hauptverwandten sind vom Kaukasus bis nach Zentralasien verbreitet.

Nickender Tragant

Astragalus penduliflorus · Familie S.b.g.

15–50 cm hohe, behaarte Staude mit aufrechten Stängeln und gelben, nickenden oder hängenden Blüten (Name!). ✿ Jul–Aug

Blätter unpaarig gefiedert; Teilblätter in 8–15 Paaren, 5–20 mm lang, elliptisch; Nebenblätter frei, lanzettlich zugespitzt; **Blüten** 10 mm lang, in kurz gestielten Trauben; Fahne so lang wie Flügel und Schiffchen; Kelch glockig, mit kurzen Zipfeln; **Frucht** (Hülse) im Kelch gestielt, nickend, stark aufgeblasen.
Standort 1500–2800 m, meist kalkarme Böden; steinige Rasen, Schutt.
Verbreitung Alpen (in den nördlichen Kalkalpen selten), Pyrenäen, Karpaten, Schweden.

Gelbe Platterbse

Lathyrus laevigatus · Fam. Schmetterlingsb.g.

20–60 cm hoch, mit aufrechtem, verzweigtem, ungeflügeltem Stängel; Blüten gelb in einseitswendiger Traube. ✿ Jun–Aug

Blätter mit 4–6 Blattpaaren, vorne mit grannenartiger Spitze statt einer Ranke; Teilblätter lanzettlich, 30–70 mm lang, fiedernervig; **Blüten** zu 3–12, nickend, kurz gestielt; Krone 15–25 mm, beim Verblühen orangebräunlich bis braun; **Frucht** (Hülse) flach, 50–70 mm lang.
Standort 800–2000 m; kalkreiche Böden, Bergwiesen, Hochstaudenfluren.
Verbreitung Alpen, Pyrenäen bis N-Apennin, Balkan.
Wissenswert! Die G.P hat im Unterschied zu vielen anderen Platterbsen keine geflügelten Stängel.

Buchsblättrige Kreuzblume

Fuchsschwanz-Tragant

Nickender Tragant

Gelbe Platterbse

Alpen-Hornklee

Lotus alpinus · Fam. Schmetterlingsblüteng.

5–10 cm hoch, meist kahl, mit niederliegenden bis aufsteigenden, kantigen Stängeln und gelben Blüten. ✿ Jun–Sep

Blätter 5-zählig, die 3 oberen kurz gestielt, die beiden unteren sitzend, Teilblättchen lanzettlich, oft bewimpert; **Blüten** 12–18 mm lang, zu 1–3 an den Trieb-Enden, beim Abblühen meist orangerot; Schiffchen hornartig aufwärts gekrümmt (Name!), an der Spitze purpurrot; **Früchte** bis 3 cm lang.

Standort 1800–2700 m; steinige Böden, Rasen, Schutthalden, Anschwemmungen.

Verbreitung Alpen.

Wissenswert! Der Gewöhnliche Hornklee *L. corniculatus* (⇨ Wildblumen S. 80) hat längere Teilblätter, einen 4- bis 8-blütigen Blütenstand und gelbe Schiffchenspitzen beim Abblühen.

Braun-Klee

Trifolium badium · Fam. Schmetterlingsb.g.

10–25 cm hohe Staude mit zahlreichen goldgelben bis braunen Blüten in halbkugeligen Blütenköpfchen. ✿ Jun–Aug

Blätter 3-zählig; Teilblätter breit oval, fein gezähnt, mit zahlreichen, paarigen Nerven; **Blüten** in 20- bis 60-blütigen Köpfchen (Erhöhung der Schauwirkung für Insekten), nach dem Verblühen dunkelbraun und nickend; Fahne deutlich länger als das Schiffchen.

Standort 600–3000 m; Kalkböden, Weiden.

Verbreitung Alpen; N-Spanien bis Balkan.

Wissenswert! Alle Klee-Arten haben Wurzelknöllchen mit stickstoffbindenden Bakterien. Der B. ist eine sehr gute Futterpflanze mit wertvollen Eiweißen.

Alpen-Wundklee

Anthyllis vulneraria ssp. *alpestris* · Fam. S.b.g.

10–30 cm hoch, Stängel einfach, mit goldgelben Blüten in kopfigem Blütenstand und handförmigen Hüllblättern. ✿ Jun–Sep

Blätter am Grund lanzettlich, ganzrandig; Stängelblätter unpaarig gefiedert, mit großem Endteilblatt; **Blüten** mit 15–20 mm langer Krone; Kelch weißhaarig; **Früchte** (Hülsen) einsamig.

Standort Bis 3000 m; kalkreiche Böden, offene Rasen, Geröll und Fels.

Verbreitung Alpen; N-Spanien bis Balkan.

Ähnlich **Berg-Wundklee** *A. montana*, dicht behaart, polsterrasig, mit Fiederblättern und rosaroten Blüten.

Hufeisenklee

Hippocrepis comosa · F. Schmetterlingsb.g.

5–30 cm hoch, kriechend bis aufsteigend; 5–12 gelbe Blüten kranzartig in achselständigen Dolden. ✿ Mai–Sep

Blätter lang gestielt, unpaarig gefiedert, mit 3–7 Blattpaaren; Teilblätter fast sitzend, verkehrt eiförmig bis schmal lanzettlich; **Blüten** kurz gestielt; Krone 8–12 mm lang, oft mit bräunlichen Adern (Farbmale für Insekten), bis doppelt so lang wie der 2-lippige, bräunliche Kelch; **Früchte** (Hülsen) nickend oder abstehend, flach, mit hufeisenförmigen Gliedern (Name!).

Standort Vom Tal bis 2800 m, kalkliebend; Mager- und Trockenrasen, Steinbrüche, Felshänge.

Verbreitung Alpen; S- und M.-EU.

Wissenswert! Die Hülsenglieder werden durch den Wind verbreitet.

Alpen-Hornklee

Braun-Klee

Alpen-Wundklee

Hufeisenklee

Gletscherlinse

Astragalus frigidus · Fam. Schmetterlingsb.g.

15–40 cm hohe Staude mit aufrechtem, gerilltem Stängel und blassgelben, nickenden Blüten in kurzer Traube. ✰ Jun–Aug

Blätter unpaarig gefiedert; **Blüten** mit gefalteter Fahne, länger als Flügel und Schiffchen.
Standort Bis 2800 m; frische, kalkhaltige Böden.
Verbreitung Alpen, Arktis, Asien.

Alpen-Spitzkiel

Oxytropis campestris · F. Schmetterlingsb.g.

5–15 cm hohe, stängellose, behaarte Staude mit blassgelben Blüten in dichten, lang gestielten Köpfen. ✰ Jun–Aug

Schiffchen

Blätter unpaarig gefiedert; **Blüten** aufrecht, oft violett an Schiffchenspitze; Fahne länger als Schiffchen.
Standort Bis 3000 m; Rasen, Schutt.
Verbreitung S- und M.-EU, Schweden.

Hahnenfußblättriges Hasenohr

Bupleurum ranunculoides ssp. *ranunculoides*

10–40 cm hoch, mit armblättrigen Stängeln; Blüten gelb, in vielblütigen Döldchen. ✰ Jul–Aug

Blätter in Grundrosetten schmal lanzettlich, mit vielen Längsnerven; Stängelblätter eiförmig spitz, stängelumfassend; Dolden mehrstrahlig, wenig Hüllblätter; **Blüten** oft rötlich überlaufen, überragt von den eiförmigen Hüllchenblättern der Döldchen; ohne Kelch.
Standort 1000–2600 m, kalkliebend; steinige Rasen, Fels- und Geröllfluren.
Verbreitung Pyrenäen bis Sibirien.

Sternblütiges Hasenohr

Bupleurum stellatum · Fam. Doldengewächse

10–40 cm hoch, verzweigte Stängel, viele gelbe Blüten in breiter Schale aus grüngelben Hüllchenblättern. ✰ Jul–Aug

Blätter schmal lanzettlich, bis 30 cm lang; **Blüten** überragt von 8–12 bis zur Mitte verwachsenen Hüllchenblättern.
Standort 1000–2700 m, auf Silikatgestein; felsige Hänge, steinige Rasen.
Verbreitung W- und S-Alpen (bis Ortler).

Buntes Läusekraut

Pedicularis oederi · Fam. Braunwurzgewächse

5–15 cm hoch, mit kantigem Stängel und kurzer Traube mit gelben Blüten, diese vorne mit braunroten Oberlippen. ✰ Jun–Aug

Blätter gezähnt fiedrig; **Blüten** ohne Oberlippenschnabel.
Standort Bis 2700 m; kalkhaltige Rasen.
Verbreitung Alpen, Arktis. §
Wissenswert! Von rund 600 Arten wachsen die meisten in asiatischen Gebirgen.

Beblättertes Läusekraut

Pedicularis foliosa · F. Braunwurzgewächse

20–50 cm hoch, mit blassgelben Blüten in dichter Ähre, überragt von deutlich längeren Hochblättern (Name!). ✰ Jun–Jul

Blätter doppelt fiederteilig; **Blüten** mit offenem Schlund; Oberlippe ungeschnäbelt, behaart.
Standort Bis 2400 m, Kalkböden; Rasen, Hochstaudenfluren.
Verbreitung Alpen; Pyrenäen bis Balkan. §

Gletscherlinse

Alpen-Spitzkiel

Hahnenfußblättriges Hasenohr

Sternblütiges Hasenohr

Buntes Läusekraut

Beblättertes Läusekraut

Zweiblütiges Veilchen

Viola biflora · Familie Veilchengewächse

5–20 cm hohe, rasenwüchsige Staude mit 1- bis 2-blütigen Stängeln (Name!) und gelben Blüten mit kurzem Sporn. ☆ Mai–Jul

Blätter am Grund nierenförmig, bis zu 4 cm breit, kerbrandig, gestielt wie die kleineren Stängelblätter; Nebenblätter klein, ganzrandig, frei; **Blüten** etwa 15 mm lang, seitliche Kronblätter aufwärts gerichtet, wie das untere mit braunen Strichen.
Standort Vom Tal bis 3000 m, meist auf Kalk; luftfeuchte Lagen, Karfluren.
Verbreitung Gebirge in EU, Arktis, Asien.
Wissenswert! Das Z. V. ist ein licht- und hitzescheues Veilchen, das gern im Schatten von Felsen wächst. Die geringe Spornlänge lässt nur kurzrüsselige Fliegen als Bestäuber zu.

Berg-Gamander

Teucrium montanum · Fam. Lippenblüteng.

Aromatisch riechender Spalierstrauch mit niederliegenden Stängeln und blassgelben Blüten. ☆ Mai–Aug

Blätter schmal lanzettlich, Rand umgerollt, unterseits weißfilzig, mit deutlichem Mittelnerv; **Blüten** gehäuft in endständigen Köpfchen mit Tragblättern; Krone ohne Oberlippe; Unterlippe 5-teilig mit großem Mittellappen.
Standort Bis 2400 m, kalkliebend; Fels, Schutt, steinige Böden.
Verbreitung M.- und S-EU, Pyrenäen, Apennin.
Wissenswert! Der B. kommt gut mit Hitze zurecht: Pfahlwurzel, verholzte Stängel, immergrüne, unterseits behaarte Blätter mit umgerollten Rändern. Der Name ist in abgewandelter Form beim Blauen und Gelben Mänderle (⇨ S. 160) wiederzufinden.

Gelber Enzian

Gentiana lutea · Familie Enziangewächse

50–140 cm hoch, graugrün, mit kräftigen, aufrechten Stängeln und sternförmig ausgebreiteten, gelben Blüten. ☆ Jun–Aug

Blätter kreuzweise gegenständig, mit 5–7 bogenförmigen, kräftigen Nerven, breit lanzettlich; **Blüten** zu 3–10 büschelig in den oberen Blattachseln; Krone mit schmalen Zipfeln.
Standort Tallagen bis 2500 m, kalkliebend; Weiden, Hochstauden- und Karfluren.
Verbreitung Gebirge in M.- und S-EU. §
Wissenswert! Der G. E. wächst sehr langsam, blüht erst mit 10 Jahren und wird bis zu 60 Jahre alt. Aus der bis zu 1 m langen Wurzel, die appetitanregende und verdauungsfördernde Bitterstoffe (Glykoside) enthält, werden Magenbitter und Enzianschnäpse hergestellt.

Punktierter Enzian

Gentiana punctata · Familie Enziangewächse

20–60 cm hohe Staude mit beblättertem Stängel und glockigen, blassgelben Blüten mit dunklen Punkten (Name!). ☆ Jun–Sep

Blätter lanzettlich, meist 5-nervig, glänzend grün, kreuzweise gegenständig; **Blüten** zu 1–3 in den oberen Blattachseln sitzend oder kopfig gehäuft am Stängelende; Krone bis 35 mm lang, mit 5–8 stumpfen, aufrechten Zipfeln; Kelch fast bis zur Mitte 5–8-teilig, unregelmäßig eingeschnitten.
Standort 1300–3100 m, kalkarme Böden; Rasen, Zwergstrauchgebüsche, Kare.
Verbreitung Alpen, Karpaten, Balkan. §
Wissenswert! Von weltweit rund 500 Enzian-Arten (besonders auf der nördlichen Halbkugel, in Asien und in den Anden) wachsen in den Alpen knapp 40 Arten.

Zweiblütiges Veilchen

Berg-Gamander

Gelber Enzian Blätter gegenständig

Punktierter Enzian

Großblütiger Fingerhut

Digitalis grandiflora · Fam. Braunwurzgew.

30–100 cm hohe Staude mit aufrechten, locker behaarten Stängeln; Blüten blassgelb in einseitwendiger Traube. ✫ Jun–Sep

Blätter in Grundrosetten glänzend, verkehrt eiförmig, kerbrandig; Stängelblätter wechselständig, ei-lanzettlich, oben sitzend; **Blüten** kurz gestielt, leicht hängend; Krone bis 40 mm lang, innen hellbraun gezeichnet, glockig bauchig, außen drüsenhaarig, mit kurzem, 2-lippigem, leicht zurückgebogenem Kronsaum; Kelch drüsig behaart, mit 5 schmal lanzettlichen Zipfeln.
Standort Tallagen bis 2200 m; lichte Wälder, Wiesen, Geröll- und Hochstaudenfluren.
Verbreitung Alpen, M.-EU bis Sibirien. §
Wissenswert! Die Fingerhut-Arten sind bekannte Heilpflanzen, deren herzwirksame Inhaltsstoffe (Glykoside) noch heute in der Medizin verwendet werden. Alle Pflanzenteile sind äußerst giftig.

Zwerg-Augentrost

Euphrasia minima · Fam. Braunwurzgew.

Einjähriger Halbschmarotzer, 2–10 cm hoch, Stängel aufrecht, Blüten weiß, gelb oder bunt. ✫ Jul–Sep

Blätter bis zu 15 mm lang, beidseits mit 1–4 grannenlosen Zähnen; **Blüten** einzeln in den oberen Blattachseln; Krone 5–7 mm lang, mit dunkleren Schlundadern und gelbem Saftmal; Oberlippe hochgeklappt, bräunlich oder violett, Unterlippe 3-teilig.
Standort 1200–3300 m, kalkarme Böden; Magerrasen, Zwergstrauchheiden.
Verbreitung Alpen, Pyrenäen bis Balkan.
Wissenswert! Die Art gehört zu den wenigen einjährigen Pflanzen im Gebirge (wie z. B. Dunkler Mauerpfeffer, Schnee- und Zarter Enzian). Ihre Samen sind schon im Herbst keimfähig und überwintern im Schnee.

Grannen-Klappertopf

Rhinanthus glacialis · Fam. Braunwurzgew.

Einjährig, 10–50 cm hoch, Halbschmarotzer; Blüten gelb, Tragblätter mit langgrannigen Zähnen. ✫ Jun–Sep

Blätter am Stängel gegenständig, lanzettlich, kerbrandig; **Blüten** in kurzer Traube in den Achseln von Tragblättern; Oberlippe helmförmig aufgewölbt, mit 2 bläulichen Zähnen, Unterlippe abstehend, 3-zipfelig; Kelch bauchig, die Kapsel umschließend.
Standort 600–2900 m, in sonnigen, trockenen Lagen; Weiden, Rasen, Schutt.
Verbreitung Alpen und Mittelgebirge.
Wissenswert! Bestäuber sind langrüsselige Falter und Hummeln. Beim Schütteln klappern die Samen in den reifen Fruchtkapseln, daher der Name Klappertopf.

Alpenrachen

Tozzia alpina · Fam. Braunwurzgewächse

10–50 cm hohe, zerbrechliche Halbschmarotzer-Staude mit verzweigten, 4-kantigen Stängeln und gelben Blüten. ✫ Jun–Jul

Blätter gegenständig, sitzend, eiförmig zugespitzt, sägezähnig; **Blüten** in kurzen Trauben, einzeln in den Achseln von Tragblättern; Unterlippe 3-lappig, rotbraun punktiert, Oberlippe 2-lappig, aufrecht.
Standort Bis 2600 m, kalkliebend; feuchte Böden, Hochstaudenfluren.
Verbreitung Pyrenäen bis Balkan. §
Wissenswert! Im 1. Wachstumsjahr ernährt sich die Pflanze als Vollparasit von großblättrigen Stauden wie Alpen-Ampfer (⇨ S. 176) oder Alpendost (⇨ S. 130), ab dem 2. Jahr als Halbschmarotzer teils über Wirtspflanzen, teils über Assimilation.

Großblütiger Fingerhut

Zwerg-Augentrost Blüten auch weiß oder blauviolett

Grannen-Klappertopf

Alpenrachen

Schweizer Labkraut

Galium megalospermum · Fam. Rötegew.

2–5 cm hoher, dichtrasiger Schuttkriecher, mit 4-kantigen Stängeln; Blüten gelbweiß in Trugdolden. ✿ Jul–Aug

Blätter zu 6–7 in Quirlen, ei-lanzettlich, knorpelig bespitzt; **Blüten** in den Blattachseln der oberen Quirle und am Stängelende; Krone cremeweiß bis gelbgrünlich, mit 4 eiförmigen, spitzen Zipfeln; **Frucht** kugelig, bei der Reife in 2 Teile zerfallend.

Standort 1800–3100 m, kalkreicher Feinschutt.

Verbreitung W- und N-Kalkalpen, nach O bis Dachstein und Etsch.

Wissenswert! Im Berner Oberland wird die Pflanze als „Chäs-Labkraut" bezeichnet, weil die Inhaltsstoffe (Lab-Enzyme wie beim Echten Labkraut, ⇨ Wildblumen S. 84) die Milch zum Gerinnen bringen wie das Kälber-Lab.

Strauß-Glockenblume

Campanula thyrsoides · Fam. Glockenb.g.

Zweijährig (?), 10–50 cm hoch, rauhaarig; Stängel unten beblättert; viele blassgelbe Blüten in dichter Ähre. ✿ Jun–Aug

Blätter steifhaarig, ganzrandig, meist mit welligem Rand; Grundblätter länglich lanzettlich, Stängelblätter auch zungenförmig, sitzend; **Blüten** zu 1–3 in den oberen Blattachseln, zahlreich (bis zu 200); Krone 15–25 mm lang, glockig bis trichterförmig, behaart; Kelch mit spitzen Buchten.

Standort 1000–2700 m, kalkliebend; sonnige Lagen, steinige Rasen, Felsbänder.

Verbreitung Alpen, Jura, Balkan. §

Wissenswert! Neuere Untersuchungen zeigen, dass das Heranwachsen der Blattrosetten bis zur Blütenreife an manchen Standorten nicht 2, sondern 5–10 Jahre dauert. Jede Fruchtkapsel enthält etwa 120–180 Samen; bei einer Pflanze mit 100 Blüten sind das bis zu 18 000 Samen, die durch den Wind verbreitet werden.

Alpen-Schuppenkopf

Cephalaria alpina · Familie Kardengewächse

60–150 cm hohe Staude mit kantigen, verzweigten Stängeln; Blüten blassgelb in lang gestielten Kugelköpfchen. ✿ Jul–Aug

Hüllschuppe △

Blätter unterseits dicht behaart; Grundblätter gestielt, oval, gezähnt; Stängelblätter gegenständig, fiederteilig, mit lanzettlichen, gezähnten Teilblättchen; **Blüten**köpfe 30–40 mm breit; Hüllblätter breit lanzettlich, anliegend, seidig behaart; Köpfchenboden mit behaarten Spreublättern, etwa so lang wie die Blüten; Kelch aufwärts gebogen, gezähnt; Außenkelch mit 8 ungleich langen Zähnen.

Standort 1000–1800 m, kalkliebend; nährstoffreiche Böden in wärmeren Lagen, Gebüsche, Schutthänge, Hochstaudenfluren.

Verbreitung S- und W-Alpen (ostwärts bis Arlberg), Jura, Apennin. §

Echter Speik

Valeriana celtica ssp. *norica* · F. Baldriangew.

5–15 cm hoch, intensiver Baldriangeruch; Stängel mit 1–2 Blattpaaren; Blüten gelblich bis rötlich in Trugdöldchen. ✿ Jun–Aug

Blätter ganzrandig, glänzend dunkelgrün; Grundblätter schmal lanzettlich, Stängelblätter kleiner, fast linealisch; **Blüten** in kleinen Trugdolden, die insgesamt eine walzenförmige Traube bilden; Krone 2–3 mm lang, manchmal rotbraun überlaufen.

Standort 1800–3300 m, kalkfreie Böden.

Verbreitung Nur in den O-Alpen. §

Wissenswert! Die Wurzeln des E. S. enthalten besonders viel an ätherischem Baldrianöl. Früher massenhaft ausgegraben, ist heute das Speikgraben mit dem „Speikkramperl" lizenzierten Bergbauern vorbehalten. Bekannt ist die Verwendung der Öle in Speikseifen.

Schweizer Labkraut

Strauß-Glockenblume

Alpen-Schuppenkopf

Echter Speik

Alpen-Goldrute *Solidago virgaurea* ssp. *minuta* · Familie Korbblütengewächse

10–40 cm hoch, meist einfacher Stängel; Köpfchen mit gelben Röhren- und Zungenblüten in allseitswendiger Rispe. ✰ Jul–Sep

Blätter wechselständig, lanzettlich, schmaler als bei der Gewöhnlichen oder Echten Goldrute der tieferen Lagen (*Solidago virgaurea*, ⇨ Wildblumen S. 90); Stängel und Blätter kurzhaarig bis kahl, ganzrandig oder gezähnt; **Blüten** in 15–20 mm breiten Köpfen, größer als bei der Gewöhnlichen Goldrute; Hüllblätter lang und allmählich zugespitzt.

Standort 1300–2900 m, auf steinigen, eher kalkarmen Böden; Bachschotter, Kar- und Hochstaudenfluren, Moränen.

Verbreitung Alpen, Gebirge in EU, arktische Region.

Arnika

Arnica montana · Fam. Korbblütengewächse

20–60 cm hoch, aromatisch duftend, Stängel gegenständig beblättert; dottergelbe Röhren- und Zungenblüten. ✰ Jun–Aug

Blätter am Grund ei-lanzettlich, derb; am Stängel mit gegenständigen (!) Blattpaaren (Ausnahme bei Korbblütlern); **Blüten**köpfe meist einzeln, 4–6 cm breit.

Standort Vom Tal bis 2800 m, kalkmeidend; Zwergstrauchheiden, Magerweiden, Moore.

Verbreitung Alpen, Pyrenäen bis Balkan, bis S-Skandinavien. §

Wissenswert! Die alte Heilpflanze enthält Bitterstoffe und ätherische Öle. Äußerlich angewandt, ist sie ein Allheilmittel bei Blutergüssen, Muskel- und Gelenkbeschwerden.

Großblütige Gämswurz

Doronicum grandiflorum · Familie K.b.g.

10–40 cm hoch, drüsenhaarig, Stängel meist einköpfig, mit gelben Zungen- und Röhrenblüten. ✰ Jul–Aug

Blätter am Grund breit eiförmig, buchtig gezähnt; Stängelblätter ei-lanzettlich, leicht stängelumfassend; **Blüten**köpfchen 4–6 cm breit.

Standort Bis 3400 m; lange von Schnee bedeckter Kalkschutt, Karfluren.

Verbreitung Alpen, Pyrenäen, N-Balkan.

Wissenswert! Die Pflanze wird gern von Gämsen gefressen, weil Wurzel, Kraut und Blüten einen Süßstoff enthalten.

Ähnlich **Clusius' Gämswurz** *D. clusii*, bis 25 cm hoch, untere Blätter lanzettlich, ohne Drüsenhaare; auf Silikatschutt, bis 3500 m.

Berardie

Berardia subacaulis · Fam. Korbblütengew.

5–15 cm hoch, weißfilzig behaart; Stängel kurz; endständiger, großer Blütenkopf; blassgelbe Röhrenblüten. ✰ Jul–Aug

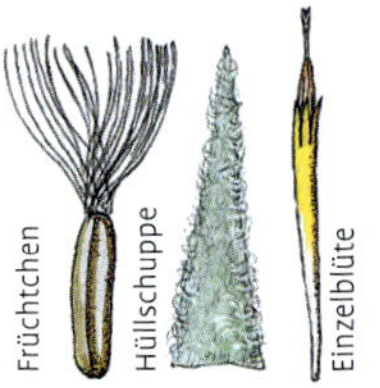

Blätter alle in Grundrosette, derb, rundlich, ganz- oder kerbrandig, oberseits spinnwebartig, unterseits weißfilzig behaart; **Blüten**köpfchen 5–7 cm breit, mit lanzettlichen Hüllblättern; Früchtchen mit schraubig gedrehter Haarkrone.

Standort 1800–2800 m, auf Kalkschutt.

Verbreitung SW-Alpen. §

Wissenswert! Die B. ist eine uralte Reliktpflanze aus der Entstehungszeit der Alpen. Sie wurde schon im 16. Jh. vom Züricher Botaniker C. Gessner abgebildet.

Alpen-Goldrute

Arnika

Großblütige Gämswurz

Berardie hat ihre nächsten Verwandten in S-Amerika

Kopfiges Greiskraut

Tephroseris capitata · Fam. Korbblütengew.

15–40 cm hoch, spinnwebig bis weißfilzig behaart; orangerote Zungen- und Röhrenblüten in gedrängten Blütenköpfen. ✿ Jun–Aug

Blätter am Grund eiförmig; Stängelblätter schmal lanzettlich; **Blüten**köpfe 20–30 mm breit, in gedrängter Doldentraube; Hüllblätter tief braunrot.
Standort 1500–2500 m; steinige Rasen.
Verbreitung Alpen, Pyrenäen bis Balkan. §

Alpen-Greiskraut

Senecio alpinus · Fam. Korbblütengewächse

30–100 cm hoch, Stängel kantig, beblättert; Blütenköpfe in doldiger Rispe, Zungen- und Röhrenblüten goldgelb. ✿ Jul–Sep

Blätter gestielt, grob gezähnt, oberseits dunkelgrün, unterseits graufilzig bis kahl; **Blüten**köpfe zu 6–20, lang gestielt.
Standort 500–2200 m; feuchte, Böden, Weiden, Hochstauden- und Lägerfluren.
Verbreitung O-Alpen (bis Savoyen).
Wissenswert! Das A. wird vom Vieh gemieden, weil es im Frischzustand giftige Alkaloide enthält.

Gämswurz-Greiskraut

Senecio doronicum · Familie Korbblütengew.

20–50 cm hoch, spinnwebhaarig; Stängel beblättert, meist mehrköpfig; orangegelbe Zungen- und Röhrenblüten. ✿ Jul–Aug

Blätter wechselständig, derb, länglich eiförmig bis lanzettlich, buchtig gezähnt, in den Stiel verschmälert oder stängelumfassend; **Blüten**köpfchen lang gestielt, bis zu 4–6 cm breit, mit strahlig ausgebreiteten Zungenblüten und vielen Röhrenblüten.
Standort 1200–3100 m; kalkhaltige, steinige Böden, sonnige Hänge, Ruhschutt.
Verbreitung Gebirge in S- und M.-EU.

Eberreisblättriges Greiskraut

Senecio abrotanifolius · Fam. K.b.g.

10–40 cm hoch, Stängel aufsteigend, oben verzweigt; Zungen- und Röhrenblüten gelb bis orange. ✿ Jul–Sep

Blätter fiederschnittig, mit 1–2 mm breiten, schmal zugespitzten Abschnitten; **Blüten**köpfe 25–40 mm breit, in doldiger Rispe.
Standort 1300–2800 m, eher kalkarme, warme Lagen, steinige Böden, Schutt.
Verbreitung O-Alpen (Wallis bis Balkan). §
Wissenswert! Der Name kommt von lat. senex = Greis; die weißlichen Haarkronen der Früchte erinnern an Greisenhaare.

Krainer Greiskraut

Senecio incanus ssp. *carniolicus* · Fam. K.b.g.

5–15 cm hoch, graufilzig bis kahl; Stängel mehrköpfig; Blüten gelb, in dichter Doldentraube. ✿ Jul–Sep

Blätter am Grund in Rosetten, Stängelblätter ganzrandig oder bis zur Mitte fiederlappig; **Blüten**köpfe 10–20 mm breit, Zungenblüten weiblich, Röhrenblüten zwittrig.
Standort 1600–3200 m, kalkmeidend.
Verbreitung O-Alpen bis Karpaten. §

Ähnlich **Graues Greiskraut** *S. incanus* ssp. *incanus*: weißfilzig behaart, W-Alpen.

Einköpfiges Greiskraut

Senecio halleri · Familie Korbblütengewächse

5–15 cm hoch, dicht weißfilzig behaart; Stängel einfach, aufsteigend, einköpfig; Blüten goldgelb. ✿ Jul–Aug

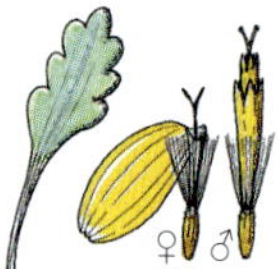

Blüten

Untere **Blätter** stumpfzähnig bis fiederteilig, obere fast ganzrandig; **Blüten**kopf bis 30 mm breit, mit 7–20 Zungenblüten und zwittrigen Röhrenblüten.
Standort 1900–3600 m, kalkarme, steinige Böden, Krummseggen-Rasen.
Verbreitung Grajische Alpen bis Wallis. §

Kopfiges Greiskraut

Alpen-Greiskraut wächst auf nährstoffreichen Kalkböden

Gämswurz-Greiskraut

Eberreisblättriges Greiskraut

Krainer Greiskraut

Einköpfiges Greiskraut wächst auch auf Schutt und Fels

Stachlige Kratzdistel

Cirsium spinosissimum · Fam. Korbblüteng.

20–70 cm hoch, Stängel mit fiederteiligen, stachligen Blättern; Röhrenblüten blassgelb, in endständigen Köpfen. ✩ Jul–Sep

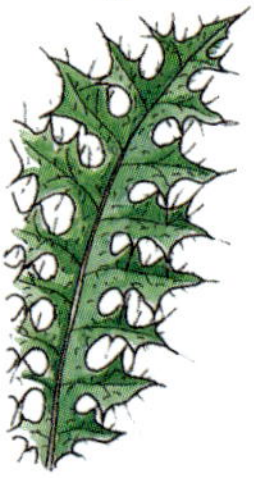

Blütenköpfe mit stacheligen, weißgelblichen Hochblättern.

Standort Bis 3000 m; steinige Böden, Weiden, Schutt.

Verbreitung Nur Alpen.

Ähnlich **Klebrige Kratzdistel** *C. erisithales*, Stängel klebrig, Blüten blassgelb, Köpfe meist einzeln, nickend, ohne Hochblätter.

Einköpfiges Ferkelkraut

Hypochoeris uniflora · Fam. Korbblütengew.

15–50 cm hoch, einköpfig, mit Milchsaft; Stängel unter Köpfchen stark verdickt; gelbe Zungenblüten. ✩ Jul–Aug

Stängel kräftig, rauhaarig, wenig beblättert; **Blätter** in Grundrosetten lanzettlich bis schmal eiförmig, buchtig gezähnt, ungestielt; **Blüten**hülle bis 25 mm lang, außen dicht schwarz behaart; Köpfchenboden mit Spreublättern. Haarkrone einreihig, mit Federborsten.

Standort 1300–2700 m; kalkarme Böden, Magerrasen, Zwergstrauchheiden.

Verbreitung Gebirge in M.- und S-EU.

Ähnlich **Grannen-Schwarzwurzel** *Scorzonera aristata*, Grundblätter grasartig, Hüllbl. hell gerandet; 1200–2400 m, S-Alpen, Pyrenäen.

Alpen-Kuhblume

Taraxacum alpinum · Fam. Korbblütengew.

5–15 cm hohe, einköpfige Staude mit bitterem Milchsaft; schrotsägeförmige Blätter; goldgelbe Zungenblüten. ✩ Jun–Sep

Blätter in Grundrosetten, vom aufsteigenden, kahlen und hohlen Stängel kaum überragt; **Blüten**hülle zylindrisch, 10–25 mm lang; Hüllblätter 2-reihig, die äußeren oval bis breit lanzettlich, anliegend bis abstehend; **Früchte** bräunlich, mit weißer Haarkrone (Windverbreitung).

Standort 1400–3300 m; Fettwiesen, Schneetälchen, steinige Rasen, Schutt.

Verbreitung Gebirge von M.- und S-EU.

Wissenswert! Die Gattung *Taraxacum* hat viele Volksnamen: Kuhblume (Futter fürs Vieh), Löwenzahn (Blattform), Pfaffenröhrlein (hohler Stängel), Maiblume (Blütezeit), Butterblume (Blütenfarbe), Milchblume (nach dem Milchsaft), Bettseicher (harntreibende Wirkung) und Krottenblume (Zeichen der Geringschätzung).

Berg-Pippau

Crepis bocconii · Fam. Korbblütengewächse

30–60 cm hoch, Stängel einköpfig, unter dem Kopf verdickt (s. Einköpfiges Ferkelkraut), gelbe Zungenblüten. ✩ Jun–Aug

Blätter breit lanzettlich bis verkehrt eiförmig, entfernt gezähnt, obere sitzend bis stängelumfassend, untere rosettig, gestielt; **Blüten**köpfchen 4–6 cm breit; Hülle breit glockenförmig, kraushaarig; **Früchte** mit weißgelber Haarkrone.

Standort 1200–2500 m, auf Kalk; steinige Rasen, Grashänge, Hochstaudenfluren.

Verbreitung Jura, Alpen bis Balkan.

Wissenswert! Alle Pippau-Arten (⇨ S. 90–92) haben nur zungenförmige Blüten sowie Früchte mit weißlichen, biegsamen, ungefiederten Borstenhaaren.

Stachlige Kratzdistel die Stachligste der alpinen Kratzdisteln

Einköpfiges Ferkelkraut

Alpen-Kuhblume

Berg-Pippau

Gold-Pippau

Crepis aurea · Familie Korbblütengewächse

5–30 cm hoch, mit Milchsaft; Stängel meist blattlos, einköpfig, mit orange-gelben bis -roten Zungenblüten. ✿ Jun–Aug

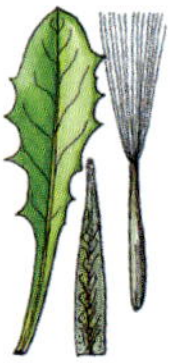

Blätter in Grundrosetten gezähnt bis fiederteilig; **Blüten**hülle glockig, schwarz zottig behaart.
Standort 1000–2900 m; nährstoffreiche Böden, Fettwiesen, Weiden, Schneeböden.
Verbreitung Jura und Alpen bis Kleinasien.

Zwerg-Pippau

Crepis pygmaea · Fam. Korbblütengewächse

5–15 cm hohe, filzig behaarte, einköpfige Staude; untere Blätter herzförmig, obere fiederteilig; Blüten gelb. ✿ Jul–Aug

Standort Bis 2900 m, auf Kalk. **Verbreitung** SW-Alpen.

Ähnlich **Rätischer P.** *C. rhaetica*, bis 10 cm hoch, Hülle gelb-zottig, Blätter kahl, länglich; Schutt.

Felsschutt-Pippau

Crepis kerneri · Familie Korbblütengewächse

5–20 cm hoch, einfach oder verzweigt, Stängel beblättert; Einzelköpfe mit gelben Zungenblüten, Hülle schwarzhaarig. ✿ Jul–Aug

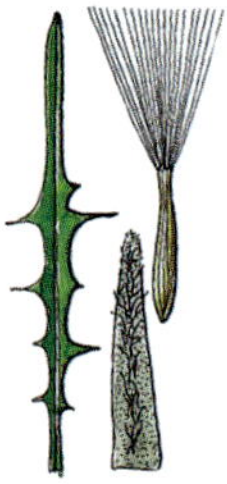

Untere **Blätter** lanzettlich, ganzrandig; mittlere tief fiederteilig, oberste linealisch.
Standort 1000–2900 m, kalkstet; steinige Rasen, feuchter, feiner Schutt.
Verbreitung O-Alpen; Berge von M.- bis SO-EU.

Triglav-Pippau

Crepis terglouensis · Fam. Korbblütengew.

5–10 cm hoch, einköpfig, Stängel kurz, beblättert, unter Blütenkopf verdickt; Blüten goldgelb, Hülle schwarzzottig. ✿ Jul–Sep

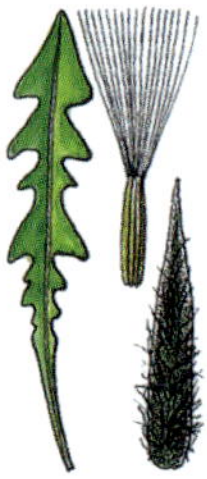

Blätter fiederteilig, mit breit dreieckigen Lappen und geflügelten Stielen; Köpfchen bis 5 cm breit, Hülle halbkugelig.
Standort 1800–2800 m; Rasen, Kalkschutt.
Verbreitung O-Alpen (bis Schweiz).

Berg-Löwenzahn

Leontodon montanus · Fam. Korbblütengew.

5–15 cm hoch, Stängel einköpfig, kaum länger als Grundblätter, unter Köpfchen verdickt; gelbe Zungenblüten. ✿ Jul–Aug

△ Hüllschuppe

Blätter am Grund lanzettlich, fein bis buchtig gezähnt, lockerhaarig; **Blüten**hülle schwarzhaarig.
Standort 1600–2900 m; Kalkschutt, Rasen.
Verbreitung Ausschließlich in den Alpen.

Schweizer Löwenzahn

Leontodon helveticus · Fam. Korbblütengew.

10–30 cm hoch, Stängel mit Blattschuppen, viel länger als die Grundblätter, einköpfig, mit gelben Zungenblüten. ✿ Jul–Aug

Blätter in Grundrosetten schmal oval bis lanzettlich, fast ganzrandig oder schwach gezähnt; **Blüten**hülle kurz behaart.
Standort 1200–3200 m, kalkarme Böden; Weiden, Borstgrasrasen, Schutthalden.
Verbreitung Gebirge in M.- und S-EU.

Gold-Pippau

Zwerg-Pippau

Felsschutt-Pippau

Triglav-Pippau

Berg-Löwenzahn wächst auf Kalkböden und -schutt

Schweizer Löwenzahn wächst auf kalkarmen Böden

Grasnelkenblättriges Habichtskraut *Tolpis staticifolia*

15–40 cm hoch, kahl, bläulich grün; Stängel einfach oder verzweigt, 1–5-köpfig, mit gelben Zungenblüten. ✰ Jun–Aug

Blätter in Grundrosetten zahlreich, schmal lanzettlich, ganzrandig bis schwach buchtig gezähnt; **Blüten**hülle 2-reihig, Hüllblätter feinspitzig, äußere deutlich kürzer als die inneren;

Früchte mit biegsamen weißen Borsten.
Standort Tallagen bis 2500 m, sandige, steinige, kalkhaltige Böden; Fluss- und Bachschotter, Geröll, Erdanrisse, Schutthänge.
Verbreitung Jura, Alpen bis Balkan.
Wissenswert! Echte Habichtskräuter (Gattung *Hieracium*) unterscheiden sich von dieser Art durch mehrreihige, dachziegelartige Hüllen und spröde, brüchige Borsten auf den Früchten.

Weißliches Habichtskraut

Hieracium intybaceum · Familie Korbblüteng.

10–30 cm hoch, drüsig-klebrig; Stängel einfach oder gabelig verzweigt; Blütenköpfe mit hellgelben Zungenblüten. ✰ Jul–Aug

Blätter von klebrigen Drüsenhaaren gelbgrün, weich, lanzettlich, unregelmäßig grobzähnig, sitzend oder den Stängel halb umfassend, am Grund dicht rosettig; **Blüten**köpfe bis 4 cm breit, mit drüsenhaarigen Hüllblättern.
Standort Bis 3100 m, kalkarme Böden; Weiden, Schneetälchen, Schuttfluren.
Verbreitung Alpen und Vogesen.
Wissenswert! Nach der Blattform wird das W. H. auch als Endivienblättriges H. bezeichnet. Der Gattungsname kommt vom griech. hierax = Habicht und lässt viele Deutungen zu: Die Fiederung der Zungenblüten am Ende soll Habichtsschwingen ähneln, auch sollen die Kräuter auf hohen Felsen wachsen, die nur für Habichte erreichbar sind.

Zottiges Habichtskraut

Hieracium villosum · Familie Korbblütengew.

10–40 cm hoch, weißzottig behaart; Stängel einfach oder verzweigt, 1–4-köpfig, mit gelben Zungenblüten. ✰ Jul–Aug

Blätter in Grundrosetten zungenförmig, fast ganzrandig, gewellt; Stängelblätter zu 3–8, ei-lanzettlich, sitzend oder stängelumfassend; **Blüten**hülle mit abstehenden, spitzen und weißzottigen Hüllblättern.
Standort 1100–2700 m, kalkstet; Magerrasen, Schutt- und Gesteinsfluren, Felsen.
Verbreitung Alpen, Jura, Tatra, Karpaten, Apennin, Balkan.

Ähnlich **Wolliges Habichtskraut** *H. tomentosum*, dicht weißwollig-filzig behaart, Grundblätter eiförmig; Jun–Jul, in den W-Alpen.

Orangerotes Habichtskraut

Hieracium aurantiacum · Fam. Korbblüteng.

20–40 cm hoch, mit Ausläufern; Stängel, Blätter und Hülle mit langen, dunklen Haaren; Blüten gelb- bis rotorange. ✰ Jun–Aug

Blätter in Grundrosetten länglich, stumpf; nur wenige kleine Blätter am 2- bis 12-köpfigen Stängel; **Blüten**köpfchen in dicht gedrängten Doldentrauben; Hüllblätter stumpf, schwärzlich.
Standort 1000–3000 m, saure, nährstoffarme Böden; Zwergstrauchheiden, Magerrasen, Mähwiesen, Weiden.
Verbreitung Gebirge in S-, M.- und N-EU.
Wissenswert! Außeralpine Bestände des O. H. sind durch Verwilderung aus Gärten entstanden. Die Gattung *Hieracium* umfasst viele Arten, deren Bestimmung schwierig ist.

Grasnelkenblättriges Habichtskraut

Weißliches Habichtskraut

Zottiges Habichtskraut

Orangerotes Habichtskraut

Hoppes Ruhrkraut

Gnaphalium hoppeanum · Fam. Korbblüteng.

2–10 cm hoch, weißfilzig behaart; gelbe Röhrenblüten in wenigen, kleinen Blütenköpfen in kurzer Ähre. ✿ Jul–Aug

Blätter schmal lanzettlich, die unteren bis zu 4 cm lang; **Blüten**köpfe zu 2–6 in Ährchen; Hüllblätter mit braunschwarzem Rand, zur Fruchtzeit glockig.
Standort Bis 2600 m, kalkstet; steinige Rasen, Schutt, Schneetälchen.
Verbreitung Alpen; Pyrenäen bis Balkan.
Wissenswert! Der Name rührt von der Annahme her, dass der griech. Arzt Dioskurides das Kraut gegen Ruhr verwendet habe.

Schwarze Edelraute

Artemisia genipi · Fam. Korbblütengewächse

5–15 cm hoch, silbrig behaart, kaum duftend; Köpfchen mit gelben, unauffälligen Röhrenblüten in dichter Ähre. ✿ Jul–Aug

Blätter am Grund handförmig; Stängelblätter einfach fiederteilig bis ganzrandig; Hüllblätter graufilzig, mit schwarzbraunem Rand.
Standort Bis 3800 m, auf Silikat und Schiefer; Moränen, Rasen.
Verbreitung Alpen, Pyrenäen. §

Echte Edelraute

Artemisia umbelliformis · Fam. Korbblüteng.

5–15 cm hoch, kurzrasig, silber-seidenhaarig, aromatisch duftend; gelbe Röhrenblüten in rundlichen Köpfchen. ✿ Jul–Sep

Blätter am Grund doppelt 3-teilig, am Stängel gefingert; **Blüten**köpfe in lockerer Traube; innere Hüllblätter braunrandig.
Standort Bis 3700 m, neutrale bis saure Böden; Schutt, Fels.
Verbreitung Gebirge in M.- und SW-EU. §

Gletscher-Edelraute

Artemisia glacialis · Fam. Korbblütengew.

5–15 cm hoch, rasig, silbrig-seidenhaarig; Röhrenblüten goldgelb, in halbkugeligen Köpfchen. ✿ Jul–Aug

Untere **Blätter** gestielt, handförmig geteilt, obere sitzend; **Blüten**köpfe zu 3–10 am Stängelende in gedrängten Knäueln.
Standort 2000–3300 m; kalkarme Böden.
Verbreitung W-Alpen (bis Wallis). §
Wissenswert! Edelrauten sind reich an Bitterstoffen und ätherischen Ölen. Sie wurden daher schon früher als Heil- und Gewürzpflanzen sowie als Bestandteil von Kräuterlikören geschätzt.

Osterglocke

Narcissus pseudonarcissus · Fam. Narzisseng.

15–40 cm; Blüte mit 6 hellgelben, sternförmig abstehenden Kronzipfeln und dunkelgelber, trichteriger Nebenkrone. ✿ Mär–Mai

Blätter stumpf linealisch, fleischig; **Blüten** 5–10 cm groß, Nebenkrone mit 6 Staubblättern.
Standort Bergwiesen bis 2000 m.
Verbreitung W-Alpen, Berge in W-EU. §
Wissenswert! Der Sage nach soll der Jüngling Narziss beim Umarmen seines Spiegelbilds in einem See ertrunken sein. Übrig blieb nur eine Blume mit goldenem Kranz.

Holunder-Knabenkraut

Dactylorhiza sambucina · Fam. Orchideeng.

10–30 cm, Stängel beblättert; Blüten in dichter Ähre, nach Holunder riechend, gelb oder rot. ✿ Mai–Jun

Blätter eiförmig lanzettlich; 2 äußere **Blüten**blätter aufrecht bis zurückgebogen, innere helmförmig zusammengeneigt; Lippe breit, mit schmalem Mittellappen; Sporn abwärts gebogen, so lang wie Fruchtknoten; untere Tragblätter länger als Blüten.
Standort 500–2100 m; saure Böden in warmen Lagen, Bergwiesen.
Verbreitung Zentral- und S-Alpen; S-EU bis W- und N-EU, nach O bis Persien. §

Hoppes Ruhrkraut

Schwarze Edelraute

Echte Edelraute

Gletscher-Edelraute

Osterglocke

Holunder-Knabenkraut

Kleine Simsenlilie

Tofieldia pusilla · Familie Liliengewächse

5–15 cm hoch, Stängel aufrecht, blattlos, mit weißgelblichen Blüten in dichter, kopfiger Traube. ✩ Jul–Aug

Grundständige **Blätter** steif, 2-zeilig, zugespitzt, genervt; **Blüten** zu 1–3 in den Achseln von 3-teiligen Tragblättern, ohne kelchartiges Vorblatt, in kurzem Blütenkopf; 6 freie oder am Grund verwachsene Blütenhüllblätter.

Standort 1600–2700 m, feuchte, auch kiesige Böden; Schneetälchen, Flach- und Quellmoore.

Verbreitung Alpen; arktische Region. §

Ähnlich **Kelch-Simsenlilie** *T. calyculata* mit gelbgrünen Blüten in 1–6 cm langer Traube, 3-lappiges Vorblatt unterhalb der Blüte.

Allermannsharnisch

Allium victorialis · Familie Liliengewächse

30–60 cm hohe Staude mit kräftigen, oben kantigen Stängeln; viele gelbweißliche Blüten in kugeligen Dolden. ✩ Jun–Aug

Blätter breit lanzettlich, bis zur Hälfte den Stängel scheidig umfassend; **Blüten** ohne Brutzwiebeln; Blütenhüllblätter auch grüngelblich, stumpf, sternartig ausgebreitet, von Staubblättern überragt.

Standort 1000–2600 m; grasige und felsige Hänge, Hochstaudenfluren.

Verbreitung Alpen und Mittelgebirge; Gebirge von Spanien bis zum Balkan, Kaukasus, Asien. §

Wissenswert! Der A. gilt als uralte Zauberpflanze, deren netzfaserige Zwiebelhüllen dem Träger kettenhemdartigen Schutz versprachen und ihn hieb- und stichfest zum Sieg führen sollten.

Röhriger Gelbstern

Gagea fistulosa · Familie Liliengewächse

5–15 cm hoch, Grundblätter halbrund, röhrig-hohl (Name!), Stängel einfach, Blüten gelb in lockerer Dolde. ✩ Mai–Jul

Meist 2 grundständige **Blätter**, diese behaart, schmal linealisch, halbrund, den Blütenstand überragend; Hochblätter meist 2, breit lanzettlich, fast gegenständig, den Blütenstand kaum überragend; **Blüten** zu 1–5 an flaumhaarigen Stielen, mit 6 freien, sternförmig ausgebreiteten, 10–15 mm langen Blütenhüllblättern.

Standort 1200–2800 m; feuchte, nährstoffreiche, überdüngte Böden, Weiden, Läger, oft in der Nähe von Alphütten.

Verbreitung Gebirge in M.- und S-EU.

Wissenswert! Benannt ist die Art nach Sir Th. Gage, 1761–1829, Förderer der Naturwissenschaften.

Südliche Wildtulpe

Tulipa sylvestris ssp. *australis* · F. Liliengew.

15–40 cm hohe Staude mit kahlem Stängel und aufrechten, gelben Einzelblüten, diese außen rotbräunlich überlaufen. ✩ Mai–Jun

Blätter zu 2–3 im unteren Stängelteil, bis 20 cm lang, schmal lanzettlich, wechselständig, graugrün; **Blüten** endständig, schon vor dem Aufblühen aufrecht, mit 6 freien Blütenhüllblättern, länger als die unten dicht behaarten Staubblätter; Narbe 3-lappig.

Standort 800–2000 m; trockene Böden, Wiesen, Weiden, Felsbänder.

Verbreitung W-Alpen bis Gardasee; spanische Gebirge, Pyrenäen, Zentralmassiv, Apennin. §

Wissenswert! Kennzeichnend für Tulpen sind aufrechte Blüten, fehlende Nektargruben am Grund der Blütenhüllblätter und nicht oder kaum vorhandene Griffel.

Kleine Simsenlilie

Allermannsharnisch

Röhriger Gelbstern liebt stickstoffreiche Böden

Südliche Wildtulpe

Dunkle Akelei

Aquilegia atrata · Fam. Hahnenfußgewächse

30–90 cm hohe Staude mit aufrechtem Stängel und braunvioletten Blüten; Sporne deutlich gebogen. ✰ Mai–Jul

Blätter am Grund gestielt, doppelt 3-teilig, Fiederblättchen mit unregelmäßig gezacktem Rand; Stängelblätter sitzend, wechselständig; **Blüten** 4–6 cm breit, äußere Blütenblätter länglich, zugespitzt, dazwischen 5 Nektarblätter; Staubblätter überragen die Blüte.

Standort Bis in 2000 m Höhe, auf Kalkböden; Wälder, Wiesen, Hochstaudenfluren.

Verbreitung Alpen mit Vorland, Mittelgebirge, SW-EU; häufig. §

Wissenswert! Akeleien werden als Revolverblumen bezeichnet, weil Hummeln nur über die 5 kreisförmig angeordneten Sporneingänge an den Nektar kommen.

Alpen-Wiesenraute

Thalictrum alpinum · Fam. Hahnenfußgew.

5–10 cm hohe, zierliche Staude mit aufrechtem Stängel und kleinen, rötlichen Blütenhüllblättern. ✰ Jun–Aug

Blätter in grundständiger Rosette, gestielt, ein- bis zweifach gefiedert, mit rundlichen, grob eingeschnitten-gekerbten Teilblättchen; **Blüten** in einfacher, endständiger Traube, gestielt, zuletzt nickend; Staubblätter mit violetten Fäden und gelben Staubbeuteln.

Standort 1900–2800 m; moorige Wiesen, steinige Rasen in der alpinen Stufe.

Verbreitung SW- und O-Alpen, Pyrenäen, Karpaten; NW- und N-EU, Arktis.

Wissenswert! Die unauffällige Pflanze produziert keinen Nektar. Die Pollen aus den herunterhängenden Staubgefäßen werden vom Wind verbreitet.

Akeleiblättrige Wiesenraute

Thalictrum aquilegifolium · Familie H.f.g.

40–120 cm hohe Staude mit aufrechtem Stängel und Blüten in reich verzweigter Rispe. ✰ Mai–Jul

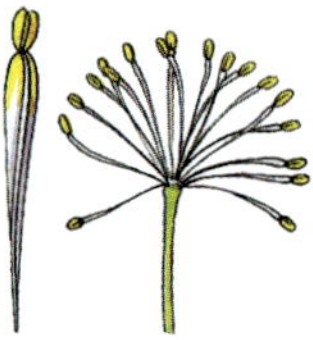

Blätter erinnern an die der Akelei-Arten (⇨ u. a. oben auf der Seite), ein- bis dreifach gefiedert; **Blüten** mit unscheinbaren, bald hinfälligen Hüllblättern; der Blüteneindruck wird bestimmt von zahlreichen, meist rötlichen oder violetten Staubfäden, die büschelig vereinigt und unter den Staubbeuteln verdickt sind.

Standort Bis 2300 m; Auwälder, Hochstaudenfluren, Grünerlengebüsche, Wiesen.

Verbreitung Alpen und Vorland, Eurasien.

Wissenswert! Obwohl ohne Nektar, ist die A. W. doch insektenblütig. Mit ihrem Schauapparat lockt sie Insekten an und sichert sich die Fremdbestäubung.

Stängelloses Leimkraut

Silene acaulis · Familie Nelkengewächse

Bis 5 cm hohe, moosartige Flachpolster, reichlich mit blass- bis purpurroten Blüten besetzt. ✰ Jun–Aug

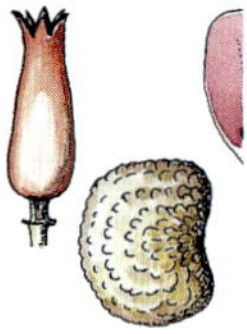

Blätter linealisch, ledrig, am Rand bewimpert; **Blüten** endständig, 8–15 mm breit, nur wenig aus dem Polster herausschauend; Kronblätter oft leicht ausgerandet, mit Schlundschuppen; Kelchröhre bis 10 mm lang, 5-zipflig.

Standort 1500–3700 m, auf allen Gesteinsarten, vorzugsweise auf Kalk; Felsspalten, Schutt, steinige Rasen.

Verbreitung In verschiedenen Sippen über die Alpen verbreitet; Spanien bis Balkan, Arktis. §

Wissenswert! Die leuchtenden Blüten locken Tagfalter, Fliegen, Bienen und Hummeln als Bestäuber an. Die Fruchtkapsel entlässt die Samen meist erst im Winter.

Dunkle Akelei

Alpen-Wiesenraute windblütige Pflanze, leicht zu übersehen

Akeleiblättrige Wiesenraute insektenblütige Pflanze

Stängelloses Leimkraut Musterbeispiel für Flachpolster

Rotes Seifenkraut

Saponaria ocymoides · Fam. Nelkengewächse

10–30 cm hohe, rasenbildende Staude mit niederliegenden Stängeln und hell- bis purpurroten Blüten. ✿ Mai–Okt

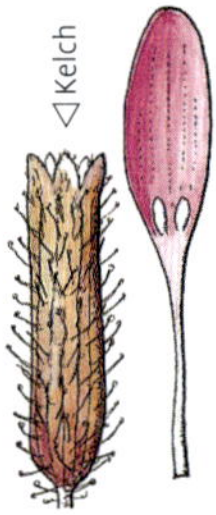

Blätter gegenständig, verkehrt eiförmig, kahl; **Blüten** 8–12 mm breit, kurz gestielt in lockeren bis dichten Blütenständen; 5 verkehrt eiförmige Kronblätter mit 2 Schlundschuppen; Kelch rotbraun, röhrig verwachsen, drüsig behaart.
Standort Bis 2200 m; steinige Böden in warmen Lagen, Schutt, Erdanrisse.
Verbreitung Alpen; Pyrenäen bis N-Balkan.
Wissenswert! Seifenkräuter sind echte Nelkengewächse mit verwachsener Kelchröhre. Die Kronblätter mit Nagel und Platte haben oft Schlundschuppen.

Niedriges Seifenkraut

Saponaria pumila · Familie Nelkengewächse

Bis 10 cm hohe, dicht flachpolsterige Staude mit einblütigem Stängel und rosaroten Blüten. ✿ Jul–Sep

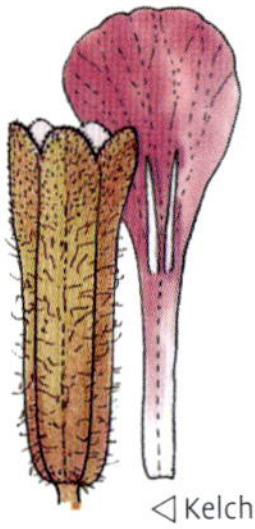

Blätter linealisch, kahl, etwas fleischig; **Blüten** bis 25 mm breit; Kronblätter mit breit ovaler Platte, weißlichem Nagel und 2-teiligen Schlundschuppen; Kelch bauchig aufgeblasen, zottig behaart; 3 fädige Griffel.
Standort 1500–2700 m, kalkarme Böden; Magerrasen, Zwergstrauchheiden, Latschen.
Verbreitung O-Alpen (nicht in D), Karpaten. §
Wissenswert! Bestäuber sind langrüsselige Falter. Die Pflanze enthält Saponin, das in wässeriger Lösung wie Seife schäumt und bei Husten schleimlösend wirkt.

Bart-Nelke

Dianthus barbatus · Familie Nelkengewächse

20–60 cm hohe, kahle Staude mit aufrechten, einfachen Stängeln und hell- bis dunkelroten Blüten. ✿ Jun–Aug

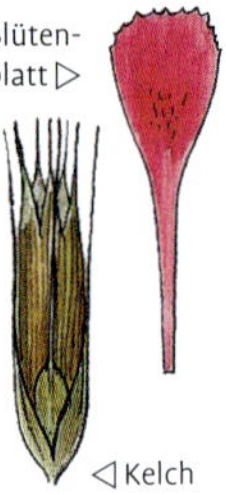

Blätter lanzettlich, bis 12 cm lang; **Blüten** in dichten Büscheln, von schmal-lanzettlichen, raurandigen Hochblättern umgeben; Kronblätter mit Punkten und Streifen, Platte gezähnt, am Schlund behaart; Kelch mit 4 grannenartig zugespitzten Schuppen.
Standort 900 bis 2500 m; Waldränder, Gebüsche, Bergwiesen.
Verbreitung SO-Alpen, Pyrenäen, Apennin, O-Karpaten, Balkan, Kaukasus. §
Wissenswert! Die auch als Busch-Nelke bezeichnete Art wird in Gärten kultiviert und kommt im Flachland verwildert vor.

Pracht-Nelke

Dianthus superbus · Familie Nelkengewächse

30–60 cm hoch; Blüten lila bis hellpurpurn, Kronblätter bis über die Mitte fransig zerschlitzt. ✿ Jun–Sep

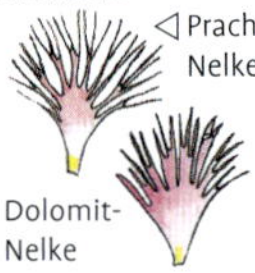

Blätter linealisch-lanzettlich; **Blüten** einzeln oder in lockeren Blütenständen; Krone bis 35 mm, Schlund grünlich, bärtig.
Standort Bis 2400 m; Moorwiesen, Heiden, Karfluren.
Verbreitung Fast ganz EU, Asien. §

Ähnlich **Dolomit-Nelke** *D. monspessulanus* ssp. *waldsteinii*, Blüten weiß bis rosa, Platte max. bis zur Mitte eingeschnitten. §

Rotes Seifenkraut

Niedriges Seifenkraut

Bart-Nelke

Pracht-Nelke

Stein-Nelke

Dianthus sylvestris · Familie Nelkengewächse

10–30 cm hohe, kahle Staude mit einfachen Stängeln, sterilen Blattrosetten und rosa Blüten. ✿ Jun–Aug

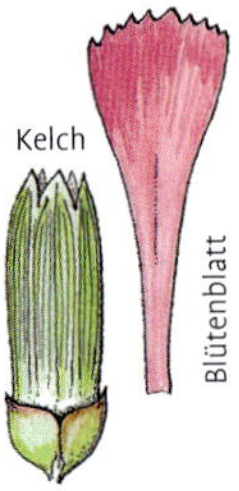

Blätter grasartig, gekielt; **Blüten** einzeln, endständig, bis 30 mm breit; Kronblätter mit keilförmiger, vorn gezähnter Platte; Kelch röhrenförmig, bis 20 mm lang, blassgrün oder rötlich, mit häutig gerandeten Zähnen; 2–4 kurze, ovale Kelchschuppen, plötzlich in eine kurze Spitze auslaufend.
Standort 1000–2800 m, kalkliebend; steinige Böden in warmen Lagen, Felsen, Schutt.
Verbreitung Alpen; Spanien bis Balkan. §
Wissenswert! Die Art ist recht variabel. In tieferen Lagen sind die Stängel oft mehrblütig.

Seguiers Nelke

Dianthus seguieri · Familie Nelkengewächse

30–60 cm hohe, lockerrasig wachsende Staude mit einfachen Stängeln; Blüten rosa bis purpurn. ✿ Jun–Aug

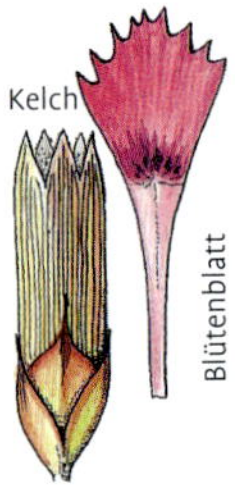

Blätter schmal-lanzettlich, meist 1-nervig; **Blüten** in endständigen Büscheln, umhüllt von grünen Hochblättern; Kronblätter mit gezähnter Platte, dunkleren Streifen oder Punkten sowie bärtigem Schlund; Kelch röhrig, mit eiförmigen, plötzlich zugespitzten Schuppen.
Standort Bis 1600 m; trockene, steinige Böden, Felshänge, lichte Wälder.
Verbreitung M.- und S-EU; Alpen, Pyrenäen. §
Wissenswert! Die Blütenpracht der Nelken hat Linné im Gattungsnamen Dianthus, d. h. Zeus-Blume (griech.: dios anthos), festgehalten.

Gletscher-Nelke

Dianthus glacialis · Familie Nelkengewächse

Bis 5 cm hohe, rasig wachsende Staude mit einblütigen Stängeln und purpurrosafarbigen Blüten. ✿ Jul–Aug

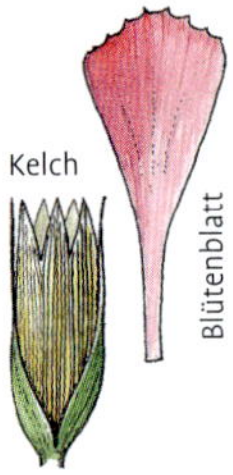

Blätter linealisch-lanzettlich, Grundblätter die Stängel überragend (nur bei dieser Art so); **Blüten** endständig, bis 20 mm breit; Kronblätter vorne gezähnt, am Schlund mit dunkleren Strichen oder Punkten; Kelch röhrig, kahl, mit lanzettlichen Schuppen.
Standort Bis 2900 m; steinige, saure oder kalkhaltige Böden, windexponierte Grate.
Verbreitung O-Zentralalpen, Karpaten. §
Wissenswert! Alle Nelken besitzen röhrenförmige Kelche mit Schuppen; Kronblätter ohne Nebenkrone sowie Blätter ohne Nebenblätter

Übersehene Nelke

Dianthus pavonius · Familie Nelkengewächse

5–20 cm hoch, dichtrasig wachsend, mit aufrechten Stängeln und hell- bis purpurroten Einzelblüten. ✿ Jul–Aug

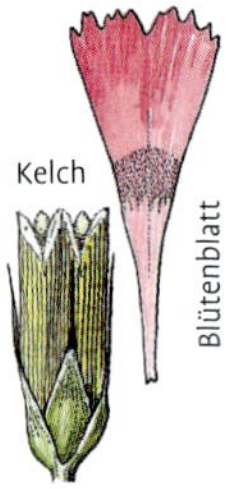

Blätter linealisch, dünn, steif, unterseits 3-nervig, zugespitzt; **Blüten** endständig, bis 25 mm breit; Kronblätter vorn unregelmäßig gezähnt, unterseits gelblich getönt, mit Schlundhaaren; Kelch mit trockenhäutigen Zähnen und lanzettlichen Kelchschuppen.
Standort 1200–3000 m, meist auf Silikatböden; trockene, steinige Rasen, auch Schutt.
Verbreitung In den W-Alpen häufig (nicht in der Schweiz), selten in den S-Alpen; Pyrenäen. §
Wissenswert! Diese prachtvolle Nelke heißt auch Pfauen-Nelke (lat. pavo = Pfau).

Stein-Nelke

Seguiers Nelke

Gletscher-Nelke

Übersehene Nelke

Alpen-Pechnelke

Lychnis alpina · Familie Nelkengewächse

5–15 cm hoch, mit Blattrosetten, nicht klebrigen Stängeln und blass- bis intensiv roten Blüten. ✫ Jun–Aug

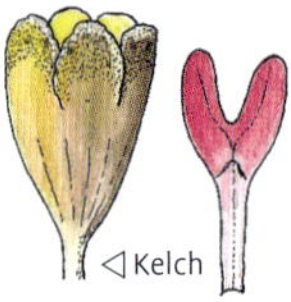

Blätter schmal-lanzettlich, gegenständig am Stängel; **Blüten** bis 15 mm breit, fast sitzend in kopfigem Blütenstand; Kronblätter tief ausgerandet, im Schlund mit kleinen Schuppen; 5 Griffel; Kelch glockig, kahl.
Standort 1900–3100 m; auf kalkarmen Böden, in windexponierten, sonnigen Lagen, auf Schutt.
Verbreitung Zerstreut in W- und Zentralalpen; Pyrenäen, Apennin, Arktis. §
Wissenswert! Anders als die A. hat die in tieferen Lagen wachsende **Gewöhnliche Pechnelke** *Lychnis viscaria* einen stark klebrigen Stängel, von dem der deutsche Name der Gattung herrührt.

Jupiternelke

Lychnis flos-jovis · Familie Nelkengewächse

30–90 cm hohe, dicht weißfilzig behaarte Staude mit karminroten Blüten in kopfigem Blütenstand. ✫ Jun–Aug

Blätter am Grund gestielt, Stängelblätter sitzend, lanzettlich bis eiförmig; **Blüten** endständig, kurz gestielt, bis 25 mm breit; Kronblätter ausgerandet, mit 2-teiligen Schlundschuppen; 5 Griffel; Kelch weißwollig behaart, 10-rippig.
Standort Montan und subalpin, bis 2400 m, über Kalk und Silikat; in wärmeren Lagen auf lockeren Böden, lichte Wälder, Gebüsche.
Verbreitung SW- und W-Alpen, nach O bis Unterengadin und Etschtal. §
Wissenswert! Im Artnamen drückt sich die Wertschätzung dieser prächtigen Pflanze aus.

Alpen-Grasnelke

Armeria alpina · Familie Bleiwurzgewächse

5–30 cm hohe Polsterstaude mit aufrechten, unbeblätterten Stängeln und rosaroten Blüten in endständigen Köpfchen. ✫ Jun–Sep

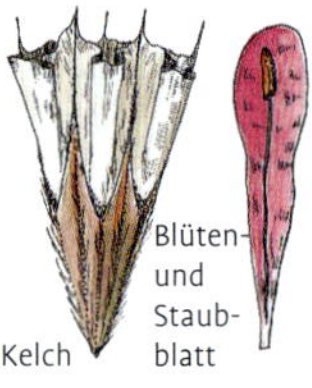

Blätter grasartig schmal, etwas fleischig, in grundständiger Rosette; **Blüten** mit 5 zungenförmigen Kronblättern in den Achseln weißhäutiger Tragblätter; zahlreich in einem 2–3 cm breiten, kopfigen Blütenstand, umgeben von trockenhäutigen Hochblättern; Kelch dicht behaart.
Standort 1500–3000 m; steinige Böden, offene Rasen, Schutt, Felsspalten.
Verbreitung Alpen (vor allem S-Alpen), Gebirge von N-Spanien bis zum Balkan. §
Wissenswert! In Südtirol wird die A. auch als Schlernhexe bezeichnet.

Pfingstrose

Paeonia officinalis · Familie Pfingstrosengew.

30–100 cm hohe Staude mit einfachen, beblätterten Stängeln sowie großen, roten und schalenförmigen Blüten.✫ Mai–Jun

Blätter wechselständig, gestielt, mehrfach 3-teilig, mit spitz zulaufenden Fiedern, bis zu 30 cm groß; **Blüten** 7–13 cm breit, mit 5–10 eiförmigen Kronblättern und 5 ungleichen, grünen bis roten Kelchblättern; zahlreiche gelbe Staubblätter, an ihrer Basis zu fleischigem Ring verwachsen, der Nektar absondert (Unterschied zu den Hahnenfußgewächsen); 2–3 behaarte Fruchtknoten; Balgfrüchte weißfilzig behaart.
Standort Bis 1700 m; steinige, kalkhaltige Böden, Felshänge, Gebüsche.
Verbreitung Zerstreut in den S-Alpen; S-EU von Portugal bis Albanien, Kleinasien. §

Alpen-Pechnelke

Jupiternelke

Alpen-Grasnelke

Pfingstrose

Pyrenäen-Steinschmückel

Petrocallis pyrenaica · Fam. Kreuzblütengew.

2–8 cm hoch in lockeren Polstern, mit rosa bis hellvioletten Blüten in gedrängter Doldentraube. ✿ Jun–Jul

Blätter keilförmig, vorn 3- bis 5-teilig, am Rand bewimpert; **Blüten** mit spateligen Kronblättern; **Früchte** (Schötchen) netznervig.
Standort Bis 3400 m; kalkhaltige Böden, Fels, Schutt.
Verbreitung Kalkalpen, Pyrenäen. §

Rundblättriges Täschelkraut

Thlaspi rotundifolia · Fam. Kreuzblütengew.

5–15 cm hohe Staude mit zahlreichen kriechenden Trieben und hell rotvioletten Blüten in dichten Doldentrauben. ✿ Jun–Sep

Blätter dicklich, bläulich grün, rundlich bis eiförmig; Stängelblätter sitzend; **Früchte** (Schötchen) waagrecht abstehend.
Standort 1500–3400 m; beweglicher Schutt, meist auf Kalk.
Verbreitung Vor allem Kalkalpen.

Schwarze Krähenbeere

Empetrum nigrum · Fam. Krähenbeerengew.

Bis 50 cm hoher, teppichbildender Spalierstrauch mit kleinen, roten Blüten und schwarzen, beerenartigen Früchten. ✿ Mai–Jun

Blätter immergrün, derb, glänzend, linealisch, längsfurchig, Rand umgerollt; **Blüten** oft eingeschlechtig, einzeln in Blattachseln.
Standort Bis 3000 m; Zwergstrauchheiden, Wälder.
Verbreitung Alpen, EU, Arktis.

Alpen-Bärentraube

Arctostaphylos alpinus · Fam. Heidekrautgew.

30–80 cm hoher, teppichartig wachsender Spalierstrauch mit rosa bis grünlich weißen, krugförmigen Blüten. ✿ Mai–Jul

Blätter dünn, sommergrün, im Herbst leuchtend rot, verkehrt eiförmig, bis 4 cm lang, Rand gezähnt, bewimpert; **Blüten** in wenigblütiger Traube; **Frucht** erst rot, später schwarz.
Standort Bis 2700 m; Schattenlagen, steinige Böden, Schutt.
Verbreitung Pyrenäen bis Balkan, Arktis.

Gämsheide, Alpenazalee

Loiseleuria procumbens · Fam. Heidekrautg.

Niedriger, teppichbildender Spalierstrauch, dicht beblättert, rosarote Blüten an den Triebenden. ✿ Jun–Jul

Blattunterseite△

Blätter immergrün, ledrig, Rand umgerollt, mit Mittelnerv; **Blüten** glockig, einzeln oder in wenigblütigen Dolden.
Standort Bis 3000 m, saure Böden; exponierte Grate, Windecken.
Verbreitung Alpen; Gebirge in M.-EU, arktische Region.

Schneeheide

Erica carnea · Fam. Heidekrautgewächse

10–30 cm hoher Zwergstrauch mit niederliegenden, bogig aufsteigenden Ästen und rosaroten, schmalglockigen Blüten. ✿ Mär–Mai

Blätter immergrün, nadelförmig, zu 4 in Quirlen; **Blüten** 4-zählig, nickend, in einseitswendiger Traube; Krone von dunklen Staubblättern und Griffel überragt.
Standort Bis 2700 m; kalkhaltige Böden, felsige Rasen.
Verbreitung Gebirge von M.- und S-EU mit Vorland. §

Pyrenäen-Steinschmückel

Rundblättriges Täschelkraut Charakterart auf Kalkschutt

Schwarze Krähenbeere Blüten blass- bis dunkelrot

Alpen-Bärentraube Blüten rosa bis weißlich

Gämsheide, Alpenazalee

Schneeheide ähnliche Besenheide blüht von Aug–Sep

Zwerg-Alpenrose

Rhodothamnus chamaecistus · F. Heidek.g.

10–30 cm hoher, zierlicher Strauch mit 1–4 rosafarbigen, radförmigen Blüten auf drüsig behaarten Stielen. ✩ Mai–Jul.

Blätter wechselständig, gehäuft an Zweigenden, immergrün, derb, ledrig, bis 15 mm lang, eiförmig-spitz, am Rand gezähnt und borstig bewimpert; **Blüten** bis zu 30 mm breit, 5-teilig.

Standort 500–2400 m, auf Kalk; sonnige Lagen, Felsfluren, Schutthalden, Latschengebüsche.

Verbreitung Nur in den O-Alpen (Allgäu, Comer See bis Karawanken). §

Wissenswert! Um besser überleben zu können, gehen die Heidekrautgewächse mit Pilzen eine Lebensgemeinschaft ein, die den Pflanzen Wasser und Nährsalze, den Pilzen Kohlenhydrate bringt.

Behaarte Alpenrose

Rhododendron hirsutum · F. Heidekrautgew.

Bis zu 1 m hoher, verzweigter Strauch mit kurzen, dicht beblätterten Zweigen und trichterig-glockigen, rosa Blüten. ✩ Jun–Aug

Blätter immergrün, elliptisch, Rand flach, verdickt, mit langen Borstenhaaren (Name!), beide Blattseiten grün; **Blüten** in 3- bis 10-blütigen Doldentrauben; Krone innen behaart, mit 5 ungleichen Zipfeln.

Standort 600–2600 m; kalkhaltige, steinige Böden, Schutt, lichte Wälder.

Verbreitung Alpen (Mittel- und O-Kalkalpen). §

Wissenswert! Die frostempfindliche B. A. ist nur unter langer Schneebedeckung vor dem Erfrieren geschützt. Bestäuber sind langrüsselige Hummeln.

Rostrote Alpenrose

Rhododendron ferrugineum · F. Heidekrautg.

Der Behaarten Alpenrose ähnlich, jedoch mit leuchtend roten Blüten, die dicht mit kugeligen Drüsen besetzt sind. ✩ Jun–Jul

Blätter an den Zweigenden gehäuft, schmal elliptisch, mit nach unten gebogenem, kahlem Rand, oberseits dunkelgrün, unterseits mit gelbgrünen, später rostbraunen Drüsenschuppen besetzt (Name!).

Standort 1500–3000 m; auf sauren Böden, vor allem im Alpenrosengürtel oberhalb der Waldgrenze.

Verbreitung Zentralalpen, seltener Kalkalpen und Alpenvorland; ferner Pyrenäen, Jura, nördlicher Apennin. §

Wissenswert! An beiden Alpenrosen-Arten verursacht ein parasitischer Pilz (*Exobasidium rhododendri*) durch gallartige Wucherungen die sogenannte Alpenrosen-Äpfel.

Behaarte Primel

Primula hirsuta · Familie Primelgewächse

3–10 cm hoch, Stängel meist kürzer als die grob gezähnten Blätter; Blüten rosa bis purpurrot, mit weißem Schlund. ✩ Apr–Jun

Blätter in grundständiger Rosette, eiförmig bis rundlich, dicht mit klebrigen, hellen Drüsenhaaren besetzt (Name!); **Blüten** in wenigblütiger Dolde; Krone 15–25 mm breit, mit ausgerandeten Zipfeln.

Standort Bis 3600 m, auf Silikat; steinige Rasen, Felsspalten, Schutt.

Verbreitung Alpen (von den Grajischen Alpen bis zu den Hohen Tauern); Pyrenäen. §

Ähnlich **Inntaler Primel** *P. daonensis*, rotdrüsig behaart, Stängel länger als Blätter, bis 2800 m, Bergamasker A. bis Ortler. §

Zwerg-Alpenrose

Behaarte Alpenrose

Rostrote Alpenrose

Behaarte Primel

Breitblättrige Primel

Primula latifolia · Familie Primelgewächse

5–15 cm hohe Staude mit klebrigen, drüsenhaarigen Stängeln und Blättern und rot- bis blauvioletten Blüten. ✰ Jun–Aug

Blätter grundständig, 5–15 cm lang, verkehrt eiförmig, stumpf gezähnt; **Blüten** nickend, gestielt, zahlreich in einseitswendiger Dolde, mit kurzen Tragblättern; Krone bis zu 15 mm breit, im Schlund mehlig, duftend, trichterförmig, mit leicht ausgerandeten Zipfeln; Kelch deutlich kürzer.

Standort 1800–3000 m, Silikatgestein.

Verbreitung Seealpen bis Unterengadin und Bergamasker Alpen; Pyrenäen. §

Wissenswert! Bestäuber der rot blühenden, trichterförmigen Primel-Arten sind Tagfalter. Hummeln scheiden aufgrund ihrer Rotblindheit aus.

Ganzblättrige Primel

Primula integrifolia · Familie Primelgewächse

1–5 cm hohe, hell drüsenhaarige, jedoch nicht klebrige Staude mit fast sitzenden, rosa bis rotvioletten Blüten. ✰ Mai–Jul

Blätter grundständig, ganzrandig (Name!), kurz behaart, eiförmig, bis zu 25 mm lang; **Blüten** mit schmalen Tragblättern; Krone 15–25 mm breit, mit eingeschnittenen Kronzipfeln; Schlund zottig von weißlichen Drüsenhaaren; Kelch rötlich, stumpfzähnig.

Standort 1700–3000 m; kalkarme, feuchte Böden, Schneetälchen, Flachmoore.

Verbreitung W-Alpen (östlich bis Tonale und Arlberg); Pyrenäen. §

Wissenswert! Der Name Primel kommt vom lateinischen prima = die erste. Die Gattung weist eine ganze Reihe früh blühender Arten auf.

Zwerg-Primel

Primula minima · Familie Primelgewächse

Bis 4 cm hoch, rasig wachsend, drüsenhaarig; Blüten meist einzeln, rot, mit weißem Schlund. ✰ Jun–Jul

Blätter in gedrängten Rosetten, glänzend, ungestielt, keilförmig, vorne abgestutzt, mit großen, spitzen Zähnen; **Blüten** auf kurzem Schaft, mit lanzettlichen Tragblättern; Krone 15–30 mm breit, mit keilförmigen, tief eingeschnittenen Zipfeln; Kelch mit eiförmigen Zähnen.

Standort 1500–3000 m; auf kalkarmen Böden.

Verbreitung O-Alpen (nach W bis Bayern und Tonale). §

Wissenswert! Im Flachland wachsen durchweg gelb blühende Primel-Arten, in den Alpen überwiegend rot blühende Arten. Diese werden vor allem von Tagfaltern und Schwärmern besucht und bestäubt.

Mehl-Primel

Primula farinosa · Familie Primelgewächse

5–20 cm hohe Staude mit unterseits mehlig weiß bestäubten Blättern (Name!) und rosa bis rotlila Blüten mit gelbem Schlund. ✰ Mai–Jul

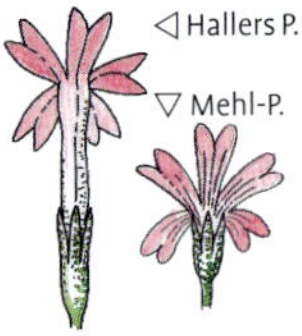

Blätter in Grundrosette; **Blüten** in vielblütiger Dolde; Kronzipfel tief ausgerandet; Kronröhre so lang wie der Kelch.

Standort Bis 2600 m; feuchte, kalkhaltige Böden, Moore.

Verbreitung Alpen und Vorland; Eurasien. §

Ähnlich **Hallers Primel** *P. halleri*, Kronröhre bis dreimal so lang wie der Kelch; S- und O-Alpen. §

Breitblättrige Primel

Ganzblättrige Primel

Zwerg-Primel

Mehl-Primel

Gletscher-Mannsschild

Androsace alpina · Familie Primelgewächse

2–5 cm hoch, in lockeren Flachpolstern wachsend, mit Sternhaaren bedeckt, Blüten weiß oder rosa. ✿ Jun–Aug

Blätter in Rosetten, 3–6 mm lang, länglich eiförmig bis lanzettlich, nur an Rand, Spitze und Unterseite behaart; **Blüten** einzeln, kurz gestielt, die Blätter kaum oder nur wenig überragend; Krone 7–9 mm breit, mit gelbem Schlundring, kurzer Röhre und meist abgerundeten Zipfeln; Kelch bis zur Mitte geteilt, mit schmal lanzettlichen Zipfeln.
Standort 2200–4200 m, auf Silikatböden; feuchte, lange schneebedeckte Böden, Schutt, Fels.
Verbreitung Alpen (Silikatketten). §
Wissenswert! Gehört zu den am höchsten steigenden Alpenpflanzen (über 4000 m).

Wulfens Mannsschild

Androsace wulfeniana · Fam. Primelgewächse

2–5 cm hoch, in lockeren, flachen Polstern; Einzelblüten dunkelrosa, in den Blattachseln der obersten Rosetten. ✿ Jun–Jul

Blätter in dichten, halb offenen bis ausgebreiteten Rosetten, lanzettlich, schwach gekielt, zugespitzt, mit mehrstrahligen Sternhaaren; **Blüten** auf 5–10 mm langen Stielen, die Blätter deutlich überragend; Krone bis 12 mm breit, mit gelbem Schlund, Kronblätter gestutzt bis leicht ausgerandet; Kelch fast bis zur Mitte geteilt, Zipfel so lang wie die Kronröhre.
Standort 1800–2600 m, kalkarme Böden; Grate, Kuppen, Felsspalten, Schutt, steinige Rasen.
Verbreitung Nur Ostalpen (Niedere Tauern, selten in Dolomiten, Veltlin).
Wissenswert! Benannt nach F. X. Wulfen, österreichischer Jesuit, Mathematiker und Naturforscher, der sich um die Erforschung der Alpenflora verdient gemacht hat.

Kleines Alpenglöckchen

Soldanella pusilla · Familie Primelgewächse

2–10 cm hoch, meist einblütig, Grundblätter klein, rundlich, Blüten eng glockenförmig. ✿ Mai–Aug

Blätter dünn, immergrün, ledrig, bis zu 10 mm breit; **Blüten** rotlila, nickend; Krone 10–15 mm, höchstens auf ein Viertel zerschlitzt, innen violett längs gestreift; ohne Schlundschuppen; Griffel kürzer als Krone.
Standort 1600–3100 m; feuchte, kalkarme Böden, Schneetälchen, Schutt.
Verbreitung Zentral- und O-Alpen, Karpaten, Apennin, Balkan. §
Wissenswert! Das K. A. schmilzt sich oft durch die dünne Schneedecke. Die erforderliche Wärme wird über Absorption der Sonnenwärme durch die dunklen Knospen und Stiele erreicht.

Heilglöckel

Cortusa matthioli · Familie Primelgewächse

20–50 cm hoch, Blätter und Stängel zottig behaart, Blüten glocken- bis trichterförmig, hell purpurn bis karminrot. ✿ Mai–Jul

Blätter alle grundständig, Spreite bis 12 cm breit, lang gestielt, rundlich, mit herzförmigem Grund, unregelmäßig groblappig und gezähnt; **Blüten** in mehrblütiger Dolde, lang gestielt, nickend, mit lanzettlichen Tragblättern; Krone etwa 10 mm lang, bis doppelt so lang wie der Kelch, mit lanzettlichen Kronzipfeln, die vom Griffel überragt werden; Kelch mit spitzen Zähnen.
Standort 800–2200 m, kalkliebend; schattige Felsen und Überhänge, Hochstauden- und Blockfluren, Grünerlengebüsche, feuchter Grobschutt.
Verbreitung Alpen, Karpaten, Ural. §

Gletscher-Mannsschild

Wulfens Mannsschild

Kleines Alpenglöckchen Griffel kürzer als Krone

Heilglöckel

Alpenveilchen

Cyclamen purpurascens · F. Primelgewächse

5–15 cm hohe Staude mit nieren- bis herzförmigen Blättern und lang gestielten, karminroten Einzelblüten. ✿ Jun–Sep

Blätter grundständig, immergrün, lang gestielt, oberseits dunkelgrün mit helleren Flecken und Streifen, unterseits rötlich violett; **Blüten** duftend, nickend, Stiel zur Fruchtzeit spiralig eingerollt; Krone am Schlundeingang dunkler rot, mit zurückgeschlagenen Zipfeln.
Standort Vom Tal bis 2000 m; Kalkböden in schattigen Lagen, Mischwälder.
Verbreitung S- und O-Alpen bis Balkan. §
Wissenswert! Die als Zimmerpflanzen gezogenen Alpenveilchen stammen zu einem großen Teil vom Persischen Alpenveilchen *C. persicum* ab. Die Knolle der Alpenveilchen ist sehr giftig.

Dolomiten-Fingerkraut

Potentilla nitida · Familie Rosengewächse

2–5 cm hohe Flachpolster, mit silbrig graugrünen Teppichen Fels und Schutt überdeckend, Blüten rosarot. ✿ Jun–Sep

Blätter wie Stängel und Kelchblätter dicht seidenhaarig, mehrteilig gefingert, Teilblätter vorn gezähnt; **Blüten** 2–3 cm breit; Kronblätter rundlich, länger und heller als die Kelchblätter; viele purpurrote Staubfäden und Griffel.
Standort 1200–3100 m; Felsen und Geröll in sonnigen Lagen; nur auf Kalk und Dolomit.
Verbreitung SW-Alpen, S-Alpen (Comer See bis Steiner Alpen), Apennin. §
Wissenswert! Der Artname kommt vom lateinischen Wort nitidus = glänzend und rührt von der silbrig glänzenden Behaarung der Blätter und Stängel her.

Zwerg-Eberesche

Sorbus chamaemespilus · F. Rosengewächse

1–2 m hoher Strauch mit rotbraunen Zweigen und kleinen, hell- bis dunkelrosa Blüten in dichten Doldentrauben. ✿ Mai–Jul

Blätter 5–10 cm lang, oval, am Rand gezähnt, kahl, ledrig, oberseits dunkelgrün, unterseits blaugrün, deutlich genervt, an Zweigenden gehäuft; **Blüten** mit schmalen, aufrechten Kronblättern; Kelch weißfilzig; **Früchte** rundlich bis eiförmig, wie Mini-Äpfel, rotbraun.
Standort 1400–2400 m; trockene, meist kalkhaltige Böden, Föhrenwälder, Zwergstrauchheiden.
Verbreitung Alpen; Pyrenäen bis Balkan.
Wissenswert! Die nächstverwandte Art ist die Eberesche (⇨ Bäume S. 320) mit gefiederten Blättern. Ihre Beeren werden für Marmelade und Tee genutzt.

Alpen-Heckenrose

Rosa pendulina · Familie Rosengewächse

Gedrungener, bis 2 m hoher Strauch mit meist stachellosen Zweigen (nur alte mit Stacheln) und rosaroten Blüten. ✿ Jun–Aug

Blätter unpaarig gefiedert, 7- bis 11-teilig, mit ovalen, meist doppelt gezähnten Teilblättchen; **Blüten** einzeln, bis 5 cm breit, mit 5 roten Kronblättern, vielen Staubblättern und aufrechten Kelchblättern; **Früchte** (Hagebutten) eiförmig, hängend, orangerot.
Standort 500–2600 m; Hochstaudenfluren, Blockhalden, Bergwälder, Krummholz.
Verbreitung Gebirge in S- und M.-EU. §
Wissenswert! Die A. ist eine Rose (fast) ohne Dornen (botanisch: Stacheln), zugleich die höchststeigende Rose, die einzige echte Gebirgsrose. Die sogenannten Alpenrosen sind Heidekrautgewächse.

Alpenveilchen

Dolomiten-Fingerkraut

Zwerg-Eberesche

Alpen-Heckenrose

Alpen-Hauswurz *Sempervivum tectorum* ssp. *alpinum* · Fam. Dickblattgew.

10–50 cm hoch, Rosetten bis 15 cm breit, Stängel dicht beblättert, Blüten purpurrosa. ✿ Jul–Sep

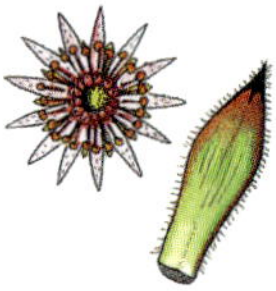

Blätter lanzettlich, kahl, nur Rand bewimpert, an Spitze rotbraun; **Blüten** mit schmal lanzettlichen Kronblättern; Kelchblätter deutlich kürzer.
Standort Bis 2800 m; kalkfreie, felsige Böden, steinige Rasen.
Verbreitung Gebirge in M.- und S-EU. §

Berg-Hauswurz
Sempervivum montanum · F. Dickblattgew.

5–20 cm hoch, dicht drüsenhaarig, mit kugeligen bis ausgebreiteten Rosetten; Blüten rotviolett. ✿ Jul–Aug

Blätter in Grundrosetten lanzettlich, Spitze rotbraun; **Blüten** 20–30 mm breit, mit schmal lanzettlichen Kronblättern.
Standort 1500–3400 m; auf Silikatböden.
Verbreitung Pyrenäen bis Karpaten. §
Wissenswert! Die B. speichert nachts Kohlendioxid in Form von organischen Säuren, um in der Tageshitze mit geschlossenen Spaltöffnungen die Photosynthese durchzuführen.

Spinnweben-Hauswurz
Sempervivum arachnoideum · Familie D.b.g.

5–15 cm hoch, Rosetten klein, halbkugelig, mit Spinnwebhaaren; Blüten karminrot. ✿ Jun–Aug

Blätter lanzettlich, drüsenhaarig, an der Spitze rotbraun, mit langen, weißen Haaren, die die Blätter spinnwebartig überziehen (Name!); **Blüten** 10–20 mm breit, mit 6–12 Kronblättern.
Standort Bis 3100 m; kalkarme Böden.
Verbreitung Pyrenäen bis Karpaten. §
Wissenswert! Die Spinnwebhaare verringern die Verdunstung. Oft lösen sich Tochterrosetten ab und wurzeln wieder.

Gegenblättriger Steinbrech
Saxifraga oppositifolia · Fam. Steinbrechgew.

Bis 5 cm hoch, lockerrasig wachsend, mit 4-zeilig beblätterten Stängeln und roten Einzelblüten. ✿ Mai–Aug

Blätter gegenständig (Name!), immergrün, bewimpert, an der Spitze mit Kalk-Grübchen; **Blüten** endständig, mit ovalen Kronblättern.
Standort 1600–3800 m; steinige Rasen, Moränen, Schutt, Fels.
Verbreitung Alpen; Gebirge in M.- und S-EU, Arktis. §
Wissenswert! Steigt besonders hoch. Seine Blätter ertragen Frost bis -40 °C.

Gestutzter Steinbrech
Saxifraga retusa · Fam. Steinbrechgewächse

Bis 5 cm hoch, dichte Flachpolster bildend, dem Gegenblättrigen Steinbrech ähnlich; Blüten rosa bis purpurn. ✿ Mai–Jul

Blätter von der Mitte an nach rückwärts gebogen und bewimpert, vorn mit 3–5 Grübchen; **Blüten** mit benagelten Kronblättern.
Standort 2000–3500 m; Silikatfels und -schutt.
Verbreitung W- und NO-Alpen, Pyrenäen. §

Zweiblütiger Steinbrech
Saxifraga biflora · Fam. Steinbrechgewächse

Bis 5 cm hohe, lockerrasig wachsende, drüsenhaarige Staude mit 2–5 hellrosa bis rotvioletten Blüten. ✿ Jul–Aug

Blätter gegenständig, flach, Rand bewimpert, mit 1 Grübchen; **Blüten** mit 5 schmal eiförmigen Kronblättern; Blütenboden innen auffallend gelb.
Standort Bis 4450 m; Kalk- und Schieferschutt.
Verbreitung W- bis O-Alpen. §
Wissenswert! Der Z. S. hält den Höhenrekord bei den Alpenpflanzen (Dom, Wallis).

Alpen-Hauswurz

Berg-Hauswurz

Spinnweben-Hauswurz

Gegenblättriger Steinbrech einblütig

Gestutzter Steinbrech einblütig

Zweiblütiger Steinbrech mehrblütig

Alpen-Klee *Trifolium alpinum* · Familie Schmetterlingsblütengewächse

5–20 cm hohe Staude ohne Stängel, mit 3-teiligen, schmal lanzettlichen Grundblättern und fleischrosa Blüten. ✩ Jun–Aug

Blätter am Grund gestielt, Teilblätter bis zu 7 cm lang; **Blüten** gestielt, 18–25 mm lang, wohlriechend, in vielblütigen Köpfen; Krone bis achtmal so lang wie die Kelchröhre; die Fahne überragt Schiffchen und Flügel.
Standort 1400–3100 m; kalkarme Böden.
Verbreitung Silikatketten der Zentral- und S-Alpen; Pyrenäen bis Apennin.
Wissenswert! Der A. ist nicht nur der schönste alpine Klee, er stellt auch eine sehr nährstoffreiche, aromatische Futterpflanze dar, die gerne vom Vieh, aber auch von Gämsen und Murmeltieren gefressen wird. Bestäuber sind Hummeln.

Alpen-Süßklee
Hedysarum hedysaroides · Familie S.b.g.

10–30 cm hohe Staude mit aufrechten Stängeln; zahlreiche, purpurrote Blüten in einseitswendiger Traube. ✩ Jun–Aug

Blätter unpaarig gefiedert, mit 9–21 sitzenden, lanzettlichen Teilblättern, 10–30 mm lang, parallelnervig; Nebenblätter häutig, braun, bis über die Mitte verwachsen; **Blüten** zu 10–50 je Traube, nickend; Schiffchen länger als Flügel und Fahne; **Früchte** flache Gliederhülsen, die in einzelne Scheiben zerfallen.
Standort 1000–3000 m; kalkhaltige Böden, sonnige Magerrasen, Wildheuplanggen, Felsbänder.
Verbreitung Alpen, Pyrenäen bis Karpaten.
Wissenswert! Der A. ist eine wertvolle Alpen-Futterpflanze mit hohem Eiweiß- und Fettgehalt. Er erträgt Mahd besser als Beweidung.

Berg-Esparsette *Onobrychis montana* · Fam. Schmetterlingsblütengew.

10–40 cm hohe Staude mit aufsteigenden Stängeln, Blüten dunkelrosa in kurzen, später verlängerten Trauben. ✩ Jun–Aug

Blätter unpaarig gefiedert, mit 11–17 länglich eiförmigen Teilblättern, diese mit aufgesetzter Spitze; **Blüten** mit dunkelroten Streifen; Fahne kürzer als das Schiffchen, Flügel so lang wie der Kelch.
Standort Bis 2500 m; kalkhaltige Böden.
Verbreitung Alpen, Apennin bis Balkan.
Wissenswert! Der botanische Gattungsname kommt vom griech. Wort onos = Esel und brychein = verschlingen und weist die Art als gute Futterpflanze aus. Die im Flachland wachsende Futter-Esparsette (⇨ Wildblumen S. 118) ist aufrecht, ihre Blätter haben viel mehr Teilblätter, Schiffchen und Fahne sind gleich lang.

Rundblättrige Hauhechel
Ononis rotundifolia · Familie S.b.g.

15–50 cm hoher, verzweigter, drüsenhaariger Halbstrauch; 3-teilige Blätter, Blüten rosa. ✩ Mai–Aug

Blätter mit breit ovalen bis rundlichen Teilblättern (Name!), bis zu 30 mm lang, buchtig gezähnt, das mittlere kurz gestielt; Nebenblätter flach, gezähnt; **Blüten** nickend, zu 1–3 in gestielten Trauben in den Blattachseln; Krone 15–20 mm lang; Fahne rotnervig, länger als das weißliche Schiffchen.
Standort 500–2000 m; Kalkböden, Fels.
Verbreitung Spanien bis Alpen.
Wissenswert! Der deutsche Gattungsname rührt her von der Dornigen Hauhechel *Ononis spinosa*, die wegen ihrer Dornen einer Hechel gleicht, einem alten Stachelwerkzeug zum Auskämmen von Flachs.

Alpen-Klee

Alpen-Süßklee

Berg-Esparsette Schiffchen länger als Fahne

Rundblättrige Hauhechel

Mont-Cenis-Hauhechel

Ononis cristata · F. Schmetterlingsblütengew.

5–35 cm hoch, rasig wachsend, drüsenhaarig, kriechende bis aufsteigende Triebe ohne Dornen; Blüten rosa. ✿ Jun–Aug

Blätter 3-teilig mit 5–15 mm langen, ledrigen, gezähnten und fast sitzenden Teilblättern; Nebenblätter gezähnt, den Stängel scheidig umfassend; **Blüten** einzeln, lang gestielt; Fahne dunkelrosa, dunkler gestreift, länger als die helleren Schiffchen und Flügel.
Standort 600–2000 m; kalkreiche Böden.
Verbreitung SW-Alpen; Spanien bis Italien.

Ähnlich **Strauchige Hauhechel** *O. fruticosa*, Zwergstrauch mit lanzettlichen Teilblättern, drüsenhaarig, mehrblütige Stiele; bis 1800 m.

Alpen-Weidenröschen

Epilobium anagallidifolium · F. Nachtkerzeng.

5–20 cm hoch, rasig wachsend, mit niederliegenden bis aufsteigenden Stängeln, viele Ausläufer; Blüten rosa. ✿ Jul–Sep

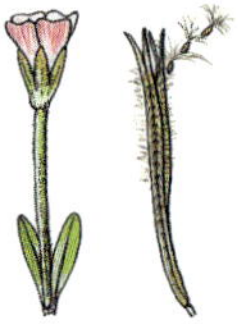

Blätter gegenständig, länglich eiförmig, 1–2 cm lang; **Blüten** klein, meist nickend, zu 1–6 in einer endständigen Traube; Krone mit 4–6 mm langen, ausgerandeten Kronblättern, Griffel aufrecht, mit keulenförmig verwachsenen Narben; **Früchte** drüsenhaarig; Samen mit Flughaaren (Windverbreitung).
Standort 1500–3000 m, kalkmeidend; feuchter Ruhschutt, Schneetälchen.
Verbreitung Alpen, Spanien bis Balkan.
Wissenswert! Die Art wird auch als Gauchheilblättriges W. bezeichnet, weil die Blätter denen des Gauchheils (⇨ Wildblumen S. 114) ähneln.

Fleischers Weidenröschen

Epilobium fleischeri · Fam. Nachtkerzengew.

10–30 cm hoch, rasig wachsend, Stängel bogig aufsteigend, Blüten rosarot, mit tiefroten Kelchen. ✿ Jul–Sep

Blätter wechselständig, linealisch-lanzettlich, drüsig gezähnt, dicklich; **Blüten** gestielt, in lockerer Traube; Krone bis 3 cm breit, mit 4 Kronblättern und dunkleren, schmalen Kelchblättern.
Standort Vom Tal bis 2700 m; Erstbesiedler auf Kies, Moränen und feuchtem Schutt.
Verbreitung Nur Alpen (besonders W-Alpen). §
Wissenswert! Als ausgesprochener Rohbodenpionier erobert das F. W. mit zahlreichen Ausläufern und flugtüchtigen Samen (mit Haarschopf) rasch Schutt- und Geröllflächen. Selbstbestäubung entfällt, weil die auffallenden Blüten stets Insekten anlocken.

Schmalblättriges Weidenröschen

Epilobium angustifolium · F. Nachtkerzeng.

50–150 cm hohe Staude; Stängel aufrecht, meist unverzweigt; viele purpurrosa Blüten in langen Trauben. ✿ Jun–Aug

Blätter wechselständig, schmal lanzettlich, 8–15 cm lang, ganzrandig, Rand nach unten gebogen, mit netzadriger Unterseite; **Blüten** 2–3 cm breit; Kronblätter breit abgerundet bis leicht ausgerandet, kurz benagelt; Kelchblätter linealisch.
Standort Vom Tal bis 2500 m; Kahlschläge, Ufer, Böschungen, Fels- und Blockschutt.
Verbreitung Alpen; Eurasien, N-Amerika.
Wissenswert! Wie bei anderen Weidenröschen sind die Samen des S. W. mit Flughaaren versehen, sodass sich auf offenen Böden per Windverbreitung schnell große Bestände dieser Pflanze bilden können.

Mont-Cenis-Hauhechel

Alpen-Weidenröschen

Fleischers Weidenröschen

Schmalblättriges Weidenröschen

Steinröschen

Daphne striata · Familie Seidelbastgewächse

5–40 cm hoher, immergrüner Zwergstrauch; Äste aufsteigend und verzweigt; Blüten rosa, in endständigen Dolden. ✿ Mai–Jul

Blätter schmal oval, fast sitzend, 1–2,5 cm lang, ledrig, beidseits dunkelgrün, an den Zweigenden rosettig gehäuft; **Blüten** zu 4–15 im Blütenstand, fast sitzend, nach Flieder duftend, mit fein gestreifter, bis 15 mm langer Kelchröhre (lat. striatus = gestreift), meist kahl; **Früchte** (kl. Foto) beerenartig, orangerot bis braun.

Standort 1000–2800 m, auf kalkreichen, feuchten Böden; steinige Weiden, Bergföhrenwälder, Zwergstrauchheiden, Schutt.

Verbreitung Nur in den Alpen (Kottische Alpen bis Karawanken). §

Wissenswert! Alle Seidelbast-Arten sind giftig.

Silber-Storchschnabel

Geranium argenteum · F. Storchschnabelgew.

5–20 cm hoch, silberweiß behaart, aufrechte, fast blattlose Stängel; Blüten hell- bis dunkelrosa. ✿ Jul–Aug

Blätter in Grundrosetten gestielt, im Umriss rundlich, 2–3 cm breit, fast bis zum Grund handförmig in schmale Lappen geteilt, silbrig behaart (Name!) wie die ganze Pflanze; **Blüten** vor dem Aufblühen nickend, in 2-blütigen Blütenständen, die die Grundblätter kaum überragen; Kronblätter dunkler geädert, vorn unregelmäßig ausgerandet; **Früchte** einem Storchschnabel ähnlich.

Standort 1500–2200 m, auf Kalkschutt.

Verbreitung SW- bis SO-Alpen, Apennin. §

Wissenswert! Der „Schnabel“ der Frucht besteht eigentlich aus 3–5 miteinander verwachsenen Griffeln.

Purpur-Enzian

Gentiana purpurea · Familie Enziangewächse

20–60 cm hohe Staude, Stängel einfach und kräftig; glockenförmige Blüten purpurrot, innen gelblich. ✿ Jul–Sep

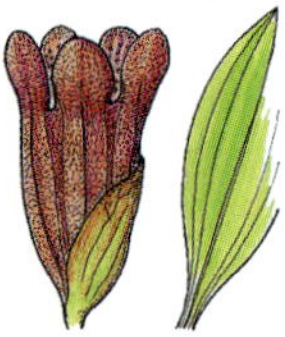

Blätter gekreuzt gegenständig, eiförmig-lanzettlich, 5-nervig; **Blüten** sitzend, einzeln in den oberen Blattachseln oder kopfig am Stängelende; Krone bis zu 40 mm, mit dunklen Punkten, 5–8-teilig, mit breit ovalen, aufrechten Zipfeln; Kelch häutig, 2-teilig, auf einer Seite bis zum Grund aufgeschlitzt.

Standort 1200–2800 m, kalkarme Böden; Weiden, Zwergstrauchheiden, Hochstauden- und Karfluren.

Verbreitung W-Alpen (bis zum Arlberg), Apennin, Norwegen. §

Wissenswert! Bestäuber im frühen Blühstadium sind vor allem Hummeln, später ist auch Selbstbestäubung möglich.

Ungarischer Enzian

Gentiana pannonica · Fam. Enziangewächse

20–60 cm hoch, mit aufrechten, kräftigen Stängeln; Blüten glockenförmig, rotviolett mit dunklen Punkten. ✿ Jul–Sep

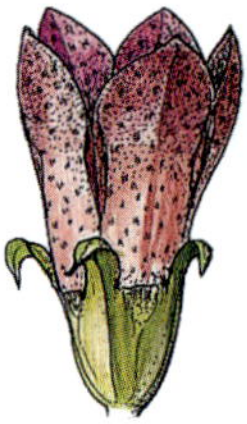

Blätter kreuzgegenständig, lanzettlich, 5–7-nervig; **Blüten** in den oberen Blattachseln und gehäuft am Stängelende; Krone innen gelblich, bis etwa zur Mitte 5–9-teilig, mit eiförmigen Zipfeln; Kelch glockig, mit 5–8 nach außen gebogenen Zähnen.

Standort 1300–2300 m; kalkhaltige sowie kalkarme Böden, Hochstauden- und Karfluren, Moore, Latschengebüsche.

Verbreitung O-Alpen, Bergamasker Alpen, Karpaten. §

Wissenswert! Die W-Grenze der Art (Allgäu, O-Schweiz) fällt mit der O-Grenze des Purpur-Enzians zusammen.

Steinröschen

Silber-Storchschnabel

Purpur-Enzian Kelch 2-teilig aufgeschlitzt

Ungarischer Enzian Kelch glockig, mit 5-8 Zipfeln

Nesselkönig

Lamium orvala · Fam. Lippenblütengewächse

40–100 cm hoch, mit kantigen Stängeln und rosa bis dunkelpurpurnen Blüten in übereinander stehenden Quirlen. ✰ Mai–Jul

Blätter gestielt, herzförmig, 4–15 cm lang, bis 10 cm breit, grob gezähnt; **Blüten** zu 6–12 quirlig in den oberen Blattachseln; Krone 30–45 mm lang, 2-lippig; die gezähnte Unterlippe mit dunkleren Flecken; Oberlippe gewölbt, ungeteilt, mit kurzen dreieckigen Seitenlappen; Staubbeutel kahl (bei anderen Taubnesseln behaart!); Kelch mit schmal lanzettlichen Zähnen.

Standort Von Tallagen bis in 1700 m Höhe; feuchte, nährstoffreiche Böden in warmen Lagen, Gebüsche, Bachränder, Hochstaudenfluren.

Verbreitung S-Alpen (Bergamasker bis Julische Alpen), Balkan.

Großblütige Bergminze

Calaminthe grandiflora · F. Lippenblütengew.

20–50 cm hoch, locker behaart, mit aufsteigenden bis aufrechten Stängeln, dunkelrosa Blüten und Zitronengeruch. ✰ Jul–Sep

Blätter gestielt, kreuzgegenständig, länglich oval bis rundlich, mit grob gesägtem oder gezähntem Rand; **Blüten** zu 1–5 in gestielten, doldigen Blütenständen in den oberen Blattachseln; Krone 20–40 mm, länger als die Griffel, Kronröhre gerade, 2-lippig; Oberlippe ausgerandet und zurückgebogen, Unterlippe 3-lappig; Kelchröhre ebenfalls gerade, innen zerstreut behaart, 11–13-nervig.

Standort Von Tallagen bis 2000 m; frische, humusreiche Böden in schattigen Lagen, vor allem Tannen-Buchen-Wälder.

Verbreitung S-EU bis südliches M.-EU; S-Alpen bis Kaukasus.

Alpen-Leberbalsam

Erinus alpinus · Familie Braunwurzgewächse

5–20 cm hoch, lockerrasig wachsend, Stängel drüsenhaarig; rosa bis lila Blüten in den obersten Blattachseln. ✰ Jun–Jul

Blätter in Grundrosetten, am Stängel wechselständig, spatelig, grob kerbrandig; **Blüten** bis 10 mm breit; Krone mit 5 mm langer Röhre und flach trichterförmigem, 2-lippigem Kronsaum mit 5 Zipfeln; Kelch tief 5-teilig.

Standort 1000–2400 m, kalkliebend; steinige Rasen und Hänge, Geröll, Felsen.

Verbreitung Westliche und mittlere Kalkalpen, Pyrenäen bis Apennin. §

Wissenswert! Die beinahe radiär gebauten, 5-zähligen Blüten geben die Pflanze nicht auf Anhieb als Rachenblüten- oder Braunwurzgewächs zu erkennen.

Schmalblättrige Spornblume

Centranthus angustifolius · F. Baldriangew.

30–70 cm hohe Staude; Stängel beblättert, Blüten dünnspornig rosa, in dichtem, schirmartigem Blütenstand. ✰ Jun–Aug

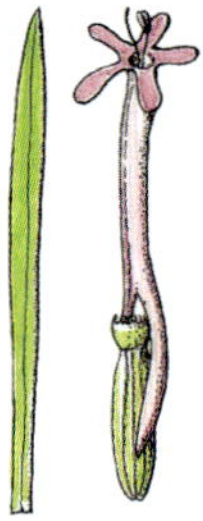

Blätter linealisch lanzettlich, sitzend, bläulich grün überlaufend; **Blüten** mit 5 ausgebreiteten Zipfeln, Sporn kürzer als die Kronröhre; Kelch erst als ringförmiger Wulst, zur Fruchtzeit mit federhaarigen Borsten.

Standort Tallagen bis 2300 m; in sonnigen Lagen auf Kalkgeröll, Feinschutt, Felsen.

Verbreitung SW- und W-Alpen (bis Südtirol), Jura; Spanien bis Abruzzen.

Wissenswert! Nächstverwandt ist die Rote Spornblume (⇨ Wildblumen S. 124), die bei uns in Gärten und an Mauern wächst.

Nesselkönig großblütige Taubnessel, daher der Name

Großblütige Bergminze

Alpen-Leberbalsam

Schmalblättrige Spornblume

Alpen-Mutterwurz

Ligusticum mutellina · Fam. Doldengewächse

10–50 cm hoch, aromatisch duftend; aufrechte, meist einfache Stängel und roasarote, seltener weiße Blüten. ✰ Jun–Aug

Blätter im Umriss dreieckig, 2–3-fach gefiedert; Dolden ohne Hüllblätter, 7–15-strahlig, Döldchen reichblütig.
Standort 1100 bis 3000 m; frische Böden, Weiderasen, Schneetälchen, Feinschutt.
Verbreitung Gebirge in S- und M.-EU.

Langhaariger Thymian

Thymus praecox ssp. *polytrichus* · Fam. L.b.g.

3–10 cm hoch, rasig wachsend, sterile, kriechende Ausläufer; aufrechte Triebe mit purpurnen Blüten in Köpfchen. ✰ Mai–Sep

Blätter derb, eifömig, am Grund bewimpert (Name!), unterseits deutlich genervt; **Blüten** mit 2-lippigen Kronen und Kelchen.
Standort Bis 2800 m, auf Kalk; Rasen, Fels, Schutt.
Verbreitung Gebirge in S- und M.-EU.

Kopfiges Läusekraut

Pedicularis rostratocapitata · F. Braunwurzg.

5–20 cm hoch, Stängel aufsteigend, Blüten purpurn, mit lang geschnäbelter Oberlippe. ✰ Jun–Aug

Blätter lanzettlich, gefiedert, mit gesägten Fiedern; **Blüten** in kopfiger Traube (Name!), bis 25 mm lang.
Standort Bis 2700 m; steinige Rasen, kalkstet.
Verbreitung O-Alpen bis N-Balkan. §
Wissenswert! Läusekräuter sind Halbschmarotzer, die den Wurzeln ihrer Wirtspflanzen Wasser und Nährsalze entziehen.

Fleischrotes Läusekraut

Pedicularis rostratospicata · Familie B.w.g.

15–40 cm hoch, Stängel behaart, Blüten fleischrosa bis purpurn, in wollig behaarter, langer Ähre. ✰ Jul–Aug

Blätter gesägt gefiedert; **Blüten** mit lang geschnäbelter Oberlippe.
Standort Bis 2700 m; steinige Weiden.
Verbreitung Seealpen bis Karawanken. §
Wissenswert! Ein Läusekraut-Absud diente früher als Mittel gegen Läuse.

Quirlblättriges Läusekraut

Pedicularis verticillata · Fam. Braunwurzgew.

5–20 cm hoch, mit je 3–4 quirlständigen Stängelblättern (Name!) und purpurnen Blüten in dichtem Blütenstand. ✰ Jun–Aug

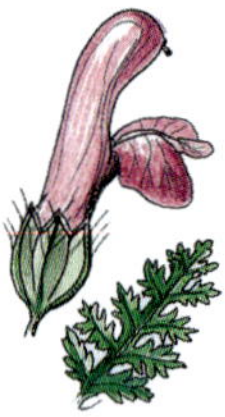

Blätter mit fein gezähnten Fiedern; **Blüten** mit gestutzter, ungeschnäbelter Oberlippe; Kelch rauhaarig.
Standort Bis 2800 m; feuchte Kalkböden.
Verbreitung Kalkalpen; Pyrenäen bis Balkan. §

Dauphiné-Schachblume

Fritillaria tubaeformis · Fam. Liliengewächse

10–30 cm, graugrün, Stängel mit schmal lanzettlichen Blättern; Einzelblüten rotbraun, lila überlaufen. ✰ Mai–Jul

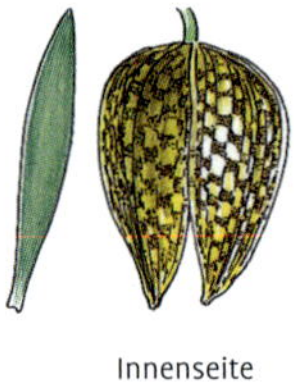

Blüten nickend, glockig, wachsig, außen undeutliche, innen kräftige Schachbrettmuster.
Standort 800–2200 m, Kalk; steinige Rasen.
Verbreitung SW-Alpen. §

Alpen-Mutterwurz ausgezeichnete Futterpflanze

Langhaariger Thymian

Kopfiges Läusekraut hat seine W-Grenze im NO der Schweiz

Fleischrotes Läusekraut

Quirlblättriges Läusekraut

Dauphiné-Schachblume

Berg-Baldrian

Valeriana montana · Fam. Baldriangewächse

10–60 cm hohe Staude mit kantigen Stängeln; Blüten weißlich bis rosalila, in dichter, endständiger Trugdolde. ✿ Mai–Jul

Blätter am Grund lang gestielt, derb, eiförmig zugespitzt; Stängelblätter sitzend, ganzrandig bis gezähnt; **Blüten** 5 mm breit, 5-lappig und 2-lippig, unten mit fast spornartiger Aussackung (Nektarbehälter); Griffel die Krone weit überragend; **Früchte** mit fiedrigen Borsten (Windverbreitung).

Standort 500–2600 m, kalkliebend; steinige Böden, Schutt, Blockfluren.

Verbreitung Alpen und Vorland, Jura; Gebirge in S- und M.-EU.

Wissenswert! Bestäuber des B. sind vor allem Fliegen. Selbstbestäubung wird durch den herausragenden Griffel erschwert.

Zwerg-Baldrian

Valeriana supina · Familie Baldriangewächse

5–10 cm hohe, kriechend und lockerrasig wachsende Staude mit blassrosa Blüten in dichten Köpfen. ✿ Jul–Aug

Zwerg-B.

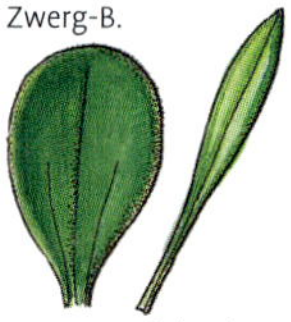

Felsschutt-B.

Blätter ganzrandig, kurz bewimpert, Grundblätter breit spatelförmig, Stängelblätter kleiner; **Blüten** mit schmalen, bewimperten Hochblättern.

Standort 1500–2800 m; feiner Kalkschutt.

Verbreitung O-Alpen (bis Graubünden).

Ähnlich **Felsschutt-Baldrian** *Valeriana saliunca* mit länglichen, kahlen Blättern, auf Kalk- und Schieferschutt, W-Alpen. §

Grauer Alpendost

Adenostyles alliariae · F. Korbblütengewächse

60–150 cm hoch, Stängel kräftig, die röhrenförmigen Blüten rosa bis rotlila, in doldenartiger Rispe. ✿ Jun–Sep

Blätter unterseits graufilzig (Name!), leicht abwischbar; Grundblätter lang gestielt, herz- bis nierenförmig, grobzähnig, Stängelblätter mit breitem Grund oder mit Öhrchen den Stängel umfassend; **Blüten** zu 3–6 in kleinen Köpfchen; Röhrenblüten meist 4-zipflig.

Standort Bis 2900 m; Hochstaudenfluren, Bachufer.

Verbreitung Gebirge in S- und M.-EU.

Ähnlich **Kahler Alpendost** *A. glabra*, Blätter unterseits fast kahl, Blattstiele nicht geöhrt; Kalkschutt, Hochstaudenflluren.

Weißfilziger Alpendost

Adenostyles leucophylla · F. Korbblütengew.

10–40 cm hoch, Blattunterseite, Hüllblätter und Stängel weißfilzig behaart (Name!); Röhrenblüten rosa bis purpurn. ✿ Jul–Aug

Hüllschuppe △

Blätter dreieckig, herz- bis nierenförmig, gezähnt, oberseits graufilzig bis verkahlend, alle gestielt, die obersten mit kleinen Öhrchen den Stängel umfassend; Röhren**blüten** zu 12–24 in Köpfchen, die in ziemlich dichten Doldentrauben stehen; meist 8 rote Hüllschuppen.

Standort 1900–3100 m; kalkarme, steinige Böden, Felsschutt, Geröllfelder.

Verbreitung W-Alpen (nach O bis Tirol).

Wissenswert! Die rote Farbe der Röhrenblüten und die erhöhte Schauwirkung durch die dichten Blütenstände lockt Schmetterlinge und Fliegen als Bestäuber an.

Berg-Baldrian

Zwerg-Baldrian

Grauer Alpendost
Blattunterseite graufilzig

Weißfilziger Alpendost
Blattunterseite weißfilzig

Einköpfiges Berufskraut

Erigeron uniflorus · F. Korbblütengewächse

2–20 cm hoch, stets einköpfig; Röhrenblüten gelb, zwittrig; Zungenblüten weiblich, weiß, rosa oder lila. ✿ Jul–Sep

Blätter am Grund schmal eiförmig, obere Blätter lanzettlich; Hüllschuppen dachziegelig, dicht behaart; **Blüten** mit linealischen Zungenblüten.

Standort Bis 3500 m, saure Böden; Weiden, Grate, Schutt.

Verbreitung Alpen; M.- und S-EU, Arktis.

Alpenlattich

Homogyne alpina · F. Korbblütengewächse

10–30 cm hoch, Blätter nierenförmig, Stängel rotbraun, einköpfig; Röhrenblüten rosarot mit purpurnen Zipfeln. ✿ Mai–Jul

Blätter gestielt, gezähnt, derb, glänzend; innere **Blüten** zwittrig, Randblüten weiblich, Narben herausragend; Hüllblätter braunrot.

Standort Bis 3200 m; lange schneebedeckte Rasen.

Verbreitung Alpen; Pyrenäen bis Balkan.

Alpen-Distel

Carduus defloratus · F. Korbblütengewächse

20–80 cm hoch, distelartig; Stängel aufsteigend, meist einfach; einzelne Blütenköpfe mit purpurroten Röhrenblüten. ✿ Jun–Sep

Blätter nur unten am Stängel, stachelzähnig; **Blütenköpfe** bis 20 mm breit.

Standort Bis 3000 m; kalkliebend, steinige Rasen, Schutt- und Felsfluren.

Verbreitung Alpen; Pyrenäen bis Balkan.

Kletten-Distel

Carduus personata · F. Korbblütengewächse

50–150 cm hoch, distelartig, Stängel stachelig geflügelt; Röhrenblüten purpurn, in knäulig gehäuften Blütenköpfen. ✿ Jun–Aug

Obere **Blätter** breit lanzettlich, am Stängel herablaufend; untere tief fiederteilig; äußere Hüllblätter langspitzig, abstehend.

Standort Bis 2300 m; feuchte Böden, Hochstaudenfluren.

Verbreitung Gebirge in M.- und S-EU.

Stängellose Kratzdistel

Cirsium acaule · Fam. Korbblütengewächse

Bis 5 cm hoch; Stängel oft fehlend; Blütenköpfe meist einzeln in Grundrosette sitzend, mit purpurnen Blüten. ✿ Jul–Sep

Blätter rosettig gehäuft, steif, lanzettlich, gelappt bis fiederspaltig, stachlig gezähnt; **Blüten** röhrenförmig, alle zwittrig, Köpfe bis 30 mm lang; Hüllblätter rotbraun überlaufen, kahl, mit kurzer Stachelspitze.

Standort Von Tallagen bis 2300 m, kalkhaltige Böden; Magerwiesen, Weiden.

Verbreitung Kalkketten der Alpen, Jura; mit Lücken fast in ganz EU.

Wollköpfige Kratzdistel

Cirsium eriophorum · F. Korbblütengewächse

50–150 cm hoch, Röhrenblüten purpurn, in Blütenköpfen mit kugeliger, wollig behaarter Hülle. ✿ Jul–Sep

Blätter steif, meist fiederschnittig, mit kräftigen, gelben Stacheln, Ränder umgerollt, unterseits weißfilzig; **Blüten**köpfe einzeln, 4–7 cm breit; Hüllblätter weinrot, mit langen Stachelspitzen.

Standort Bis 2300 m, über Kalk, auch auf sauren Böden; sonnige, steinige Böden, Wegränder, Läger, Weiden, Kahlschläge.

Verbreitung Alpen; England bis Apennin, Pyrenäen bis Balkan.

Einköpfiges Berufskraut

Alpenlattich wächst auch in Zwergstrauchheiden

Alpen-Distel Stängel oben blattlos

Kletten-Distel

Stängellose Kratzdistel

Wollköpfige Kratzdistel hat kräftige Stängel

Feder-Flockenblume

Centaurea nervosa · F. Korbblütengewächse

10–40 cm hoch, Stängel beblättert; Blütenkopf einzeln, Röhrenblüten pupurn, Hülle mit fiedrig-fransigen Anhängseln. ✿ Jul–Aug

Blätter lanzettlich, gezähnt; **Blüten**köpfe mit kugeliger Hülle; äußere Hüllblätter mit langer, fiedrig-fransiger Spitze (Name!).

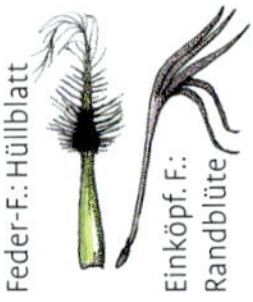

Standort 1400–2500 m; Fettwiesen, Weiden.
Verbreitung S-Alpen, Karpaten, Balkan.

Ähnlich **Einköpfige Flockenblume** *C. uniflora*, weißfilzig behaart, Blätter schmal lanzettlich, bis 2500 m; W-Alpen.

Perücken-Flockenblume

Centaurea pseudophrygia · Familie K.b.g.

20–100 cm hoch, Stängel beblättert, oben verzweigt; mehrere Blütenköpfe in Doldenrispe, mit pupurnen Blüten. ✿ Jul–Sep

Blätter eiförmig, ganzrandig bis fein gesägt, obere mit abgerundetem Grund sitzend; **Blüten**köpfchen mit ei-kugeliger Hülle, von den Anhängseln perückenartig verdeckt (Name!); Anhängsel dunkelbraun, mit lang gefranster, zurückgebogener Spitze.

Standort 700–2500 m; eher kalkarme, nährstoffreiche Böden, Fettwiesen.
Verbreitung O-Alpen (Graubünden bis Slowenien), M.-EU, Karpaten, Schweden.
Wissenswert! Flockenblumen haben nur Röhrenblüten, die randständigen (steril) sind strahlig.

Riesen-Flockenblume

Stemmakantha (Leuzea) rhapontica · F. K.b.g.

40–150 cm hoch, kräftiger Stängel, einzelner, großer Blütenkopf mit rosaroten bis purpurnen Röhrenblüten. ✿ Jul–Aug

Untere **Blätter** 25–60 cm lang, herzförmig, gestielt, spitzzähnig, unterseits weißfilzig, die oberen lanzettlich bis fiederteilig, sitzend; **Blüten**köpfe mit 5–10 cm dicker, kugeliger Hülle; Anhängsel der Hüllblätter braun, eingerissen.

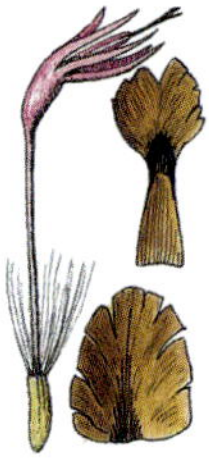

Hüllschuppen

Standort 800–2500 m; nährstoffreiche Kalkböden, Kar- und Schuttfluren.
Verbreitung Alpen (Seealpen bis Krain). §
Wissenswert! Die R., auch Alpen- oder Bergscharte genannt, sieht mit ihren großen Blütenköpfen und Blättern aus wie eine überdimensionale Flockenblume.

Hundszahn-Lilie

Erythronium dens-canis · F. Liliengewächse

10–30 cm hoch, Stängel kahl, mit rosa bis rotvioletter Einzelblüte und meist zurückgebogenen Blütenhüllblättern. ✿ März-Mai

Blätter 2, breit lanzettlich, unterhalb der Stängelmitte gegenständig, bis zu 10 cm lang, bräunlich oder hell gefleckt, in kurzen, den Stängel umfassenden Stiel verschmälert; **Blüten** nickend, mit 6 freien, lanzettlichen, 30 mm langen Blütenhüllblättern, innen am Grund gelb gefleckt; die 6 Staubblätter kürzer als die Blütenhülle, Staubbeutel bläulich; Griffel 3-spaltig.
Standort Tallagen bis 2000 m; Laubwälder, Gebüsche, Bergwiesen, auch Geröll.
Verbreitung Zerstreut in den S-Alpen; S-EU (Spanien bis Balkan), Asien. §
Wissenswert! Die weißen Zwiebeln dieser Art sind zahnartig gespalten und gleichen damit in Form und Farbe dem Reißzahn eines Hundes. Die Art ist in EU die einzige Vertreterin ihrer Gattung.

Feder-Flockenblume

Perücken-Flockenblume

Riesen-Flockenblume

Hundszahn-Lilie Blüten selten weißlich

Schnittlauch

Allium schoenoprasum · Fam. Liliengewächse

10–40 cm hoch, horstig wachsend, Stängel rund, unten beblättert; zahlreiche rotlila Blüten in dichter Kugeldolde. ✿ Mai–Aug

Blatt hohl

Blätter röhrig, rund, glatt, mit langen Scheiden den Stängel umfassend; **Blüten** eng glockig, Dolde mit weißer bis rötlicher, häutiger Hülle.
Standort Von Tallagen bis 2600 m, kalkliebend; Quellmoore, feuchte Wiesen, steinige Hänge.
Verbreitung Gebirge in EU, Asien.
Wissenswert! Seit dem Mittelalter ist der S. bei uns in Kultur und wird meist als Küchengewürz und Gemüse genutzt. Die geruchliche und offizinale Wirkung der Lauch-Arten beruht auf dem Inhaltsstoff Alliin, der mithilfe eines Enzyms zum geruchsintensiven Allicin umgebildet wird.

Narzissenblütiger Lauch

Allium narcissiflorum · Fam. Liliengewächse

10–50 cm hoch, in Horsten wachsend; Blüten glockenförmig, purpurrosa, anfangs nickend, mit häutiger Hülle. ✿ Jul–Aug

Blatt flach

Blätter kahl, linealisch, flach; Stängel aufrecht, im oberen Teil zusammengedrückt, 2-kantig; **Blüten** kurz gestielt in 3- bis 10-blütiger, in Vollblüte aufrechter Blütendolde, mit kürzerer häutiger Hülle; 6 Blütenhüllblätter, 10–15 mm lang, breit abgerundet, kurz zugespitzt; Staubblätter kürzer als die Blütenhülle.
Standort 1500–2600 m, auf Kalk und Serpentin; steinige Rasen, Schutt.
Verbreitung Nur in den SW-Alpen. §
Wissenswert! Alle Lauch-Arten haben doldige Blütenstände mit häutigen Hüllblättern, 1 Griffel sowie je 6 Blütenhüll- und Staubblätter.

Feuerlilie

Lilium bulbiferum · Familie Liliengewächse

20–80 cm hoch, Stängel dicht beblättert, mit großen, leuchtend orangeroten, glockig bis trichterförmigen Blüten. ✿ Mai–Jul

Blätter wechselständig, sitzend, schmal lanzettlich, in oberen Blattachseln mit (ssp. *bulbiferum*) oder ohne (ssp. *croceum*) Brutknöllchen; **Blüten** bis zu 5 in flacher, aufrechter Dolde; Blütenhüllblätter 4–8 cm lang, am Grund bandartig verschmälert, mit stumpfer Spitze, nach außen gebogen, innerseits gelborange, mit dunkelbraunen, behaarten Flecken.
Standort Von Tallagen bis 2400 m; sonnige Lagen, Bergwiesen, Gebüsche, Felsbänder.
Verbreitung Gebirge in S- und M.-EU; in den N-Alpen eher selten, häufig in den Dolomiten. §

Turbanlilie

Lilium pomponium · Familie Liliengewächse

30–90 cm hoch, Stängel dicht beblättert; Blüten leuchtend scharlachrot, an gebogenen Stielen in lockerer Traube. ✿ Mai–Jun

Blätter linealisch lanzettlich, nur am Rand bewimpert, im unteren Stängelteil gehäuft, abstehend; **Blüten** zu 1–6 in endständiger Traube; Blütenhüllblätter turbanartig zurückgerollt (Name!), innen dunkler gestreift; Staubbeutel tief orangerot.
Standort 500–2000 m, auf Kalk; sonnige Lagen, steinige Rasen, Schutt, Felsen.
Verbreitung Seealpen, Ligurien. §

Ähnlich **Türkenbund** *L. martagon*, Blätter breit lanzettlich, in Quirlen; Blüten hellpurpurn, dunkel gefleckt; Eurasien. §

Schnittlauch

Narzissenblütiger Lauch

Feuerlilie

Turbanlilie

Alpen-Akelei

Aquilegia alpina · Fam. Hahnenfußgewächse

20–70 cm hohe Staude mit aufrechtem, beblättertem Stängel und großen, leuchtend blauen Blüten. ✿ Jun–Aug

Blätter am Grund lang gestielt, doppelt 3-teilig, zuletzt mit stumpf gezähnten Teilblättchen; Stängelblätter oben einfacher; **Blüten** meist einzeln, 6–9 cm breit, mit 5 äußeren, zugespitzten Blütenblättern sowie 5 inneren, gestutzten Nektarblättern mit schwach gekrümmten Spornen.

Standort 1200–2600 m; feuchte, kalkhaltige Böden, Grünerlengebüsche, Rasen.

Verbreitung W-Alpen, zerstreut von den Seealpen bis Vorarlberg; Apennin. §

Wissenswert! Der Nektar in den Spornen ist nur für langrüsselige, kräftige Hummeln zu erreichen. Sie sind die Hauptbestäuber der Alpen-Akelei.

Alpen-Waldrebe

Clematis alpina · Fam. Hahnenfußgewächse

Bis 3 m langer, meist kletternder Schlingstrauch mit 4 hell- bis violettblauen Blütenblättern. ✿ Mai–Aug

Blätter gestielt, gegenständig, mit je 3 grob gezähnten Teilblättern; **Blüten** einzeln, lang gestielt in den Blattachseln, 3–5 cm groß, innen mit kürzeren, gelbweißen Nektarblättern; **Früchte** mit langem, behaartem Griffel.

Standort 1000–2400 m, meist über Kalk; Gebüsche, Waldränder, Schutthalden, Fels.

Verbreitung SW- und O-Alpen, Pyrenäen, Apennin, Karpaten, Balkangebirge. §

Wissenswert! Die A. ist der einzige Schlingstrauch der Alpen. Allgemein ist das Alpenklima dieser Lebensform nur wenig zuträglich.

Hoher Rittersporn

Delphinium elatum · Familie Hahnenfußgew.

60–180 cm hohe Staude mit aufrechtem Stängel und blauen Blüten in dichttraubigem Blütenstand. ✿ Jul–Aug

Blätter stängelständig, gestielt, handförmig, 3- bis 7-spaltig, mit eingeschnitten-gesägten Abschnitten; **Blüten** stahlblau bis violettblau, mit 5 Blütenblättern, das oberste mit abwärts gebogenem, oft runzeligem Sporn, der die Sporne von 2 der 4 dunkelbraunen Nektarblätter umschließt.

Standort Bis in 2000 m Höhe; in subalpinen Hochstauden- und Karfluren.

Verbreitung In verschiedenen Rassen von den französischen Alpen über die O-Alpen, Karpaten und den Balkan bis nach Asien. §

Wissenswert! Wie beim Eisenhut wird der H. R. von Hummeln besucht und bestäubt.

Blauer Eisenhut

Aconitum napellus · Familie Hahnenfußgew.

50–150 cm hohe Staude mit blauen bis violetten Blüten, die meist von Hummeln besucht werden. ✿ Jun–Sep

Stängel einfach; **Blätter** handförmig, 5- bis 7-teilig, mit linealischen Zipfeln; **Blüten** in dichter Traube; das oberste Blütenblatt in Helmform schließt 2 Nektarblätter ein.

Standort Bis 2500 m; feuchte Wiesen, Hochstauden, Kar- und Lägerfluren, Schluchtwälder, Bachufer.

Verbreitung In verschiedenen Formen in EU und Asien. §

Wissenswert! Alle Eisenhut-Arten sind Hummel-Blumen, weil es nur diese kräftigen und längerrüsseligen Insekten vermögen, an die Nektarblätter unter dem Helm zu gelangen.

Alpen-Akelei

Alpen-Waldrebe

Hoher Rittersporn

Blauer Eisenhut

Hallers Küchenschelle

Pulsatilla halleri · Fam. Hahnenfußgewächse

5–30 cm hohe Staude mit weißzottig behaartem Stängel und endständigen, blauvioletten Blüten. ✿ Mai–Jul

Blätter seidenhaarig, mit 5–7 fiederteiligen, spitzzipfligen Teilblättern; **Blüten** einzeln, weit glockig, außen behaart, meist mit 6 eiförmig zugespitzten Blütenblättern.
Standort bis 3000 m, über Kalk in Rasen, Geröll, Fels.
Verbreitung Seealpen bis Wallis, Steiermark. §

Ähnlich Berg-Küchenschelle *P. montana* mit dunkelvioletten Blüten; in Trockenlagen bis über 2000 m. §

Blaue Gänsekresse

Arabis caerulea · Fam. Kreuzblütengewächse

2–15 cm hohe Staude mit einfachen, beblätterten und behaarten Stängeln, Blüten hell blaulila bis weißlich. ✿ Jul–Sep

Blätter am Grund in Rosetten, kurz gestielt, fleischig, am Rand bewimpert, 3- bis 7-zähnig wie die Stängelblätter, die obersten ganzrandig; **Blüten** in einer gedrängten Traube; Kronblätter 4–5 mm lang, schmal spatelig; **Schoten** bis zu 30 mm.
Standort 1900–3500 m; feuchter, kalkreicher Schutt, Schneetälchen.
Verbreitung Nur in den Alpen.

Ähnlich Zwerg-Gänsekresse *A. bellidifolia* mit weißen Blüten, behaarten Grundblättern; in Kalkfels und -schutt, bis 3000 m.

Gesporntes Veilchen

Viola calcarata · Familie Veilchengewächse

5–10 cm hohe Staude mit kurzem Stängel und lang gestielten, meist blauvioletten Einzelblüten mit deutlichem Sporn. ✿ Jun–Aug

Blätter meist in Rosetten, kahl, eiförmig bis lanzettlich, kerbzähnig, am Stielansatz mit 2 gezähnten Nebenblättern; **Blüten** 25–40 mm groß, selten gelb oder weiß; Kronblätter ungleich, das unterste am Grund gelbfleckig mit violetten Streifen; Sporn gerade oder aufwärts gebogen, so lang wie die Kronblätter; Kelchblätter kürzer als der Sporn.
Standort 1500–3000 m; auf kalkhaltigen, feuchten Böden, Schutthalden, Rasen.
Verbreitung N-Alpen (Savoyen bis Tirol). §
Wissenswert! Enger Blüteneingang und langer Sporn lassen nur Tagfalter als Bestäuber zu.

Mont-Cenis-Veilchen

Viola cenisia · Familie Veilchengewächse

3–10 cm hohe, rasenwüchsige Staude mit kurzen, niederliegenden Stängeln und lang gestielten, hellvioletten Blüten. ✿ Jun–Aug

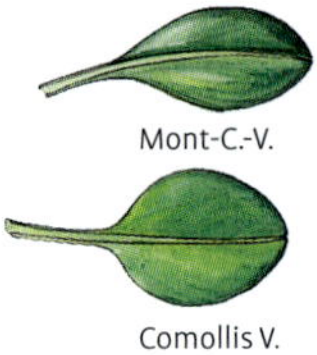

Blätter eiförmig bis länglich, mit freien Nebenblättern; **Blüten** mit dünnen Spornen, diese so lang wie die spitzen Kelchblätter.
Standort 1800–3300 m; Kalkschutt.
Verbreitung Seealpen bis Schweiz. §

Ähnlich Comollis Veilchen *V. comollia* mit rundlichen Blättern, rotvioletten Kronblättern; kalkarme Böden in den Orobischen Alpen. §

Hallers Küchenschelle Haare schützen gegen Kälte und Hitze

Blaue Gänsekresse

Gesporntes Veilchen Blüten selten gelb, weiß oder bunt

Mont-Cenis-Veilchen

Pfennigblättriges Veilchen

Viola nummularifolia · Familie Veilchengew.

3–5 cm hohe, kahle Staude mit kurzen, niederliegenden Stängeln; Blüten klein, blassblau, mit stumpfem Sporn. ✿ Jul–Sep

Blätter 1–2 cm lang, breit eiförmig bis rundlich (Name!), ganzrandig; Blattstiele mindestens so lang wie die Blattspreite; Nebenblätter bis zu 5 mm lang, lanzettlich, die unteren ganzrandig, die oberen leicht gezähnt; **Blüten** 10 mm groß, am Grund der Kronblätter dunkler; unteres Kronblatt mit weißgelblichem Fleck und violetten Streifen; Sporn dicklich, bis zu 3 mm lang.

Standort 1500–2800 m, auf Silikat; Schneetälchen, steinige Weiden, Felsschutt.

Verbreitung Endemisch (nur in begrenztem Gebiet wachsend) in den Seealpen und auf Korsika.

Klebrige Primel

Primula glutinosa · Familie Primelgewächse

2–10 cm hohe, oft rasig wachsende, kurz drüsenhaarige, klebrige Staude mit rotvioletten bis dunkelblauen Blüten. ✿ Jun–Aug

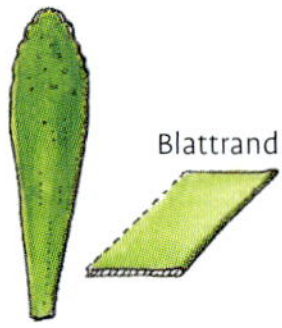

Blätter grundständig, in den kurzen Stiel verschmälert, vorne kerbzähnig; **Blüten** in kopfiger Dolde, duftend; Tragblätter rotbraun wie die oft kürzeren Kelche; Krone am Schlund mit dunklerem Ring, bis zu 15 mm breit, mit tief ausgerandeten Zipfeln.

Standort 1600–3100 m; kalkarme Böden.

Verbreitung Unterengadin bis Steiermark.

Wissenswert! Die sog. „Speikböden" der Tiroler Zentralalpen beziehen sich auf diese Primel. Die Bezeichnung Speik wird nicht nur für den Echten Speik (⇨ S. 84), sondern auch für andere aromatisch duftende Alpenpflanzen verwendet.

Gewelltrandige Primel

Primula marginata · Familie Primelgewächse

5–10 cm hohe Staude mit mehlig bestäubten Stängeln und Blättern sowie rot- bis blauvioletten Blüten. ✿ Mai–Jul

Blätter grundständig, verkehrt eiförmig, mit weißmehligem, deutlich gewelltzähnigem Rand (Name!); **Blüten** gestielt, in mehrblütigen, aufwärts gerichteten Dolden; Krone duftend, am Schlundeingang mit weißmehligem Ring, bis 20 mm breit, mit leicht ausgerandeten Zipfeln; Kronröhre deutlich länger als der bepuderte Kelch.

Standort 600–2600 m; Kalk- und Schieferfels.

Verbreitung See- bis Kottische Alpen. §

Wissenswert! Die weltweit rund 300 Primel-Arten haben ihren Verbreitungsschwerpunkt in asiatischen Gebirgen. Nur knapp 20 Arten wachsen in den Alpen.

Echtes Alpenglöckchen

Soldanella alpina · Familie Primelgewächse

5–15 cm hoch, Grundblätter rundlich bis nierenförmig, Blüten blauviolett, bis zur Mitte tief fransig eingeschnitten. ✿ Apr–Jul

Blätter dicklich, ledrig, immergrün, bis zu 3 cm breit, ganzrandig; **Blüten** zu 2–3 endständig, schräg aufrecht oder nickend; Krone 10–15 mm lang, weit trichterförmig, zwischen den Staubblättern mit kleinen Schlundschuppen, die breiter als lang sind; Kelch fast bis zum Grund geteilt, schmal zipfelig; Griffel deutlich länger als die Krone.

Standort Vom Tal bis 3000 m; feuchte, kalkhaltige Böden, Schneetälchen, Rasen.

Verbreitung Alpen; Pyrenäen bis Balkan. §

Wissenswert! Die Blätter sind rund wie Münzen = lat. solidus, daher auch der Name Soldanelle.

Pfennigblättriges Veilchen

Klebrige Primel

Gewelltrandige Primel

Echtes Alpenglöckchen Griffel länger als Krone

Alpen-Lein

Linum alpinum · Familie Leingewächse

10–30 cm hohe, kahle Staude; Stängel dicht beblättert, Blüten blau, in lang gestielter, lockerer Rispe. ✿ Jun–Aug

Blätter wechselständig, linealisch lanzettlich, ganzrandig, 1-nervig; **Blüten** 5-zählig, trichterförmig ausgebreitet, Knospen nickend; Kronblätter eiförmig, mit gelbem Grund (Saftmal); Kelchblätter hautrandig; **Früchte** kahle, kugelige Kapseln mit Stachelspitze.

Standort Bis 2000 m, kalkliebend; trockene Rasen, sonnige Felshänge, Schutt.

Verbreitung N- und S-Kalkalpen, W-Alpen, Jura; Pyrenäen bis Balkan. §

Wissenswert! Der A. wird z.T. auch als Unterart des Ausdauernden Leins eingestuft.

Wald-Storchschnabel

Geranium sylvaticum · F. Storchschnabelgew.

30–70 cm hoch; Stängel aufrecht, beblättert und behaart, Blüten rotviolett in straußartigem Blütenstand. ✿ Jun–Aug

Blätter in Grundrosetten lang gestielt, bis zu 15 cm breit, mit 5–7 tief geteilten, unregelmäßig kerbzähnigen Lappen, beidseits behaart; **Blüten** an drüsenhaarigen Blütenstielen; 5 Kronblätter, 12–20 mm lang, außen gerundet mit dunkleren Streifen und weißlichem Grund (Saftmale); Kelchblätter drüsig-zottig, mit Grannenspitze.

Standort Bis 2500 m; feuchte Böden, Fettwiesen, Hochstaudenfluren, Bergwälder.

Verbreitung Alpen; S- bis N-EU, Asien.

Wissenswert! Der dt. Gattungsname bezieht sich auf die lange, zugespitzte Form (= Storchschnabel) der Frucht.

Alpen-Mannstreu

Eryngium alpinum · Familie Doldengewächse

30–80 cm hohe, distelähnliche Staude mit verzweigten Stängeln; Blüten blauviolett in dichten Doldenköpfen. ✿ Jul–Sep

Blätter am Grund lang gestielt, weich, dreieckig oder oval mit herzförmiger Blattbasis, grobzähnig; Stängelblätter handförmig gefiedert, mit distelartigen Stacheln; **Blüten** 2–3 mm lang, dicht gedrängt in rundlich-walzenförmigem Blütenstand, amethystfarben überlaufen wie die langborstigen, gezackten Hüllblätter.

Standort 1200–2500 m, kalkhaltige Böden; Hochstauden- und Karfluren, Wildheuplanggen.

Verbreitung W- und S-Alpen, Balkan. §

Wissenswert! Die stachelige „Halskrause" des A. schließt sich bei Nässe und Dunkelheit.

Wald-Wicke

Vicia sylvatica · F. Schmetterlingsblütengew.

50–150 cm hoch, mit niederliegenden oder kletternden Stängeln; Blüten nickend, weiß-violett. ✿ Jun–Aug

Blätter paarig gefiedert mit elliptischen Teilblättchen und kräftigen Endranken; **Blüten** zu 10–20 in einseitswendigen, langstieligen Trauben; Krone mit blau bis violett geaderter Fahne und meist violetter Schiffchenspitze.

Standort 600–2300 m; feuchte, steinige Böden, Gebüsch, Hochstaudenfluren.

Verbreitung Alpen (vorwiegend N-Ketten), S-Frankreich bis Balkan, N-EU, Sibirien.

Wissenswert! Die Fiederranken führen kreisende Suchbewegungen aus und reagieren auf Berührungsreize mit Einkrümmen.

Alpen-Lein

Wald-Storchschnabel

Alpen-Mannstreu keine Distel, sondern Doldenblütler

Wald-Wicke

Immergrüner Tragant
Astragalus sempervirens · Familie S.b.g.

5–20 cm hoher Zwergstrauch, holziger Stängel dicht mit den dornigen Mittelrippen vorjähriger Blätter besetzt. ✿ Mai–Jul

Blätter paarig gefiedert, mit Enddorn; Teilblätter seidenhaarig, in 6–10 Paaren; **Blüten** zu 3–8, weißlich bis lila; Fahne länger als Schiffchen.
Standort Bis 2700 m; Kalkböden, Schutt.
Verbreitung W-Alpen, Apennin, Spanien.

Tiroler Tragant *Astragalus leontinus* ·
Fam. Schmetterlingsblütengewächse

5–20 cm hohe, behaarte Staude mit niederliegenden bis aufsteigenden Stängeln; Blüten rosa oder blauviolett. ✿ Jun–Aug

Blätter unpaarig gefiedert; **Blüten** aufrecht sitzend in dichten, eiförmigen und gestielten Köpfchen; Fahne länger als Schiffchen.
Standort Bis 2500 m; steinige Kalkböden.
Verbreitung W-Alpen bis N- und S-Tirol.

Alpen-Tragant *Astragalus alpinus* ·
Familie Schmetterlingsblütengewächse

5–30 cm hohe Staude mit niederliegenden bis aufsteigenden Stängeln und weiß-violetten Blüten. ✿ Jun–Aug

Blätter unpaarig gefiedert; **Blüten** in vielblütigen Trauben; Schiffchen blauviolett, Flügel weißlich.
Standort Bis 3100 m; steinige Kalkböden.
Verbreitung Pyrenäen bis Himalaya, Arktis.

Berg-Spitzkiel *Oxytropis jacquinii* ·
Familie Schmetterlingsblütengewächse

5–25 cm hohe, behaarte Staude mit niederliegenden bis aufsteigenden Stängeln; Blüten rot- bis blauviolett. ✿ Jun–Aug

Blätter unpaarig gefiedert, Teilblätter lanzettlich; **Blüten** aufrecht, in kopfiger, gestielter Traube; Schiffchen bespitzt (Name!); **Frucht** (Hülse) aufgeblasen.
Standort Bis 3000 m; Kalkschutt, Rasen.
Verbreitung Savoyen bis O-Alpen.

Alpen-Helmkraut
Scutellaria alpina · Fam. Lippenblütengew.

10–40 cm hoch; Blüten blauviolett, paarweise in 4-seitigem Blütenstand, mit großen Tragblättern. ✿ Jun–Aug

Blätter eiförmig, kerbig-gesägt; die oft rötlich überlaufenen, eiförmigen Tragblätter im Blütenstand überragen den Kelch deutlich; **Blüten** mit weißlicher Unterlippe und blasser, aufwärts gebogener, drüsenhaariger Kronröhre; Kelch 2-lippig.
Standort Bis 2500 m, auf Kalk; steinige Rasen, Schutt.
Verbreitung Seealpen bis Venezianische Alpen; Pyrenäen, Apennin, Balkan.

Schlauchenzian
Gentiana utriculosa · Fam. Enziangewächse

5–25 cm hoch, Stängel meist mehrblütig, Blüten tiefblau, mit aufgeblasenem, breit geflügeltem Kelch. ✿ Mai–Aug

Blätter am Grund bald verwelkend; Stängelblätter eiförmig lanzettlich, genervt; **Blüten** einzeln an Zweig- oder Stängelende, mit 5 sternförmig ausgebreiteten Zipfeln; Kelch fast so lang wie die Kronröhre, Kanten bis 4 mm breit geflügelt.
Standort Tallagen bis 2400 m, auf Kalk; Heide- und Feuchtwiesen, Flachmoore.
Verbreitung Alpen und Vorland, Apennin, Karpaten, Balkan.

Immergrüner Tragant

Tiroler Tragant

Alpen-Tragant

Berg-Spitzkiel

Alpen-Helmkraut

Schlauchenzian

Kärntner Saumnarbe

Lomatogonium carinthiacum · F. Enziangew.

Einjährige, 2–12 cm hohe, kahle Pflanze mit aufrechtem, kantigem Stängel und eisblauen bis weißlichen Einzelblüten. ✩ Aug–Sep

Blätter eiförmig bis lanzettlich; **Blüten** 10–20 mm breit, gestielt; Krone radförmig, wie der kürzere Kelch tief 5-teilig; Kelch mit breit lanzettlichen, am Grund sackförmig ausgebuchteten Zipfeln; Kronzipfel am Grund jeweils mit 2 gefransten Nektartäschchen; Staubblätter kürzer als der Fruchtknoten, an dem die Narben leisten- oder saumartig herablaufen (Name!); ohne Griffel.
Standort 1400–2700 m; kiesig-sandige Böden, offene Rasen, Ruhschutt, Trittstellen.
Verbreitung Alpen, Karpaten, Asien. §
Wissenswert! Die Saumnarbe ist wie der nah verwandte Moorenzian aus den Hochgebirgen Asiens eingewandert. Die Samen der spät blühenden Pflanze reifen im Herbst und werden im Winter verbreitet.

Moorenzian

Swertia perennis · Familie Enziangewächse

15–60 cm hohe Staude, Stängel kantig, Blüten stahlblau bis trübviolett, in lockeren Rispentrauben. ✩ Jul–Sep

Blätter am Grund eiförmig, wechselständig, die oberen lanzettlich, gegenständig; **Blüten** mit sternförmig ausgebreiteter Krone, 2–3 cm breit, mit dunkleren Punkten oder Streifen, am Grund mit je 2 fransig abgedeckten Nektargrübchen; Kelch tief geteilt.
Standort Vom Tal bis 2500 m; Feuchtwiesen, Moore.
Verbreitung Alpen, Pyrenäen bis Balkan. §
Wissenswert! Von weltweit 90 *Swertia*-Arten (vor allem in Asien) gibt es in den Alpen nur den Moorenzian. Meist sorgen Fliegen und Käfer für seine Bestäubung.

Kreuz-Enzian

Gentiana cruciata · Familie Enziangewächse

10–40 cm hoch, Blätter kreuzweise gegenständig am Stängel (Name!), blauviolette Blüten. ✩ Jun–Sep

Blätter lanzettlich, ledrig, sitzend, am Grund paarweise verwachsen; **Blüten** 4-zählig, fast sitzend, zu 1–3 in den oberen Blattachseln; Krone 20–25 mm lang, innen hellblau, eng glockenförmig, zwischen den Zipfeln stumpfzähnig; Kelch eng glockenförmig, kurzzipflig.
Standort Vom Tal bis 2000 m; trockene, meist kalkhaltige Böden in warmen Lagen.
Verbreitung EU und W-Asien; in S-EU nur in Gebirgen, nach N im Flachland. §
Wissenswert! Die Blüten werden meist von Hummeln besucht. Diese beißen sie von der Seite an und rauben den Nektar.

Schwalbenwurz-Enzian

Gentiana asclepiadea · Fam. Enziangewächse

30–90 cm hoch, Stängel einfach, dicht beblättert, viele dunkelblaue, eng glockige Blüten. ✩ Aug–Okt

Blätter allseitswendig (Wuchsform an offenen Stellen) oder einseitswendig (Schattenform), lanzettlich, ganzrandig, mit 3–5 Längsnerven, dazwischen netznervig; **Blüten** gestielt, zu 1–3 in Blattachseln; Krone 30–50 mm lang, innen rotviolett punktiert und hellblau gestreift, 5-zipflig, je mit stumpfem Zahn dazwischen.
Standort Vom Tal bis 2300 m, kalkliebend; feuchte Böden, Waldränder, Riedwiesen, Legföhren und Hochstaudenfluren.
Verbreitung M.- und S-EU. §
Wissenswert! Wegen der späten Blütezeit spielt bei dieser Art die Selbstbestäubung eine große Rolle.

Kärntner Saumnarbe

Moorenzian Bestäuber sind meist Fliegen und Käfer

Kreuz-Enzian

Schwalbenwurz-Enzian

Clusius-Enzian

Gentiana clusii · Familie Enziangewächse

5–10 cm hoch, mit kurzem Stängel und blauer, tief glockenförmiger Einzelblüte mit spitzen Kelchbuchten. ✿ Mai–Aug

Blätter in Grundrosetten lanzettlich, ledrig steif, meist 3-nervig; Stängelblätter kleiner, gegenständig; **Blüten** mit 5–6 cm langer Krone, innen weißlich gestreift mit blauen Punkten, Krone mit 5 ausgebreiteten, dreieckigen Zipfeln, dazwischen je 1 stumpfer Zahn; Kelch mit 5 zugespitzten, aufrechten Zähnen, der Krone eng anliegend; Kelchbuchten meist ohne Verbindungshaut.

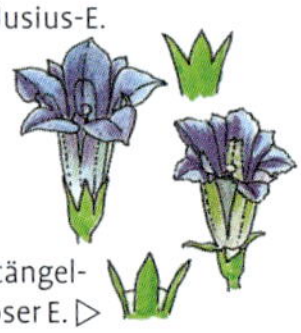

Standort Bis 2800 m, auf Kalk, düngerempfindlich; Flachmoore, steinige Rasen, Schutt, Felsen.

Verbreitung O- und Zentralalpen mit Vorland, Apuan. Alpen, Karpaten, Balkan. §

Stängelloser Enzian

Gentiana acaulis · Familie Enziangewächse

Ähnlich wie Clusius-Enzian, aber Blütenglocken mit grünlichen Streifen und Flecken sowie breiten Kelchbuchten. ✿ Mai–Aug

Blätter in Grundrosette verkehrt eiförmig, kaum ledrig; Kelchzähne eingeschnürt und abstehend; Kelchbuchten mit weißer Verbindungshaut.

Standort 1000–3000 m, kalkarme Böden.

Verbreitung Alpen; Pyrenäen bis Balkan. §

Wissenswert! Die Glocken der stängellosen Enzian-Arten schließen sich bei Erschütterungen und tiefen Temperaturen.

Ähnlich **Alpen-Enzian** *G. alpina*, Grundblätter kurz, ledrig; Krone bis 3 cm lang, innen grün gestreift; W- und S-Alpen. §

Karawanken-Enzian

Gentiana froelichii · Familie Enziangewächse

5–10 cm hohe Staude mit kurzem Stängel und hellblauen bis blauen, schmal trichterförmigen bis röhrigen Blüten. ✿ Jul–Sep

Blätter in Grundrosetten schmal lanzettlich, ledrig, 1–3-nervig, Rand oft nach oben eingerollt; Stängelblätter kleiner, gegenständig; **Blüten** mit 3–4 cm langer Krone, ohne Punkte und Streifen, mit 5 kurzen, eiförmigen Zipfeln; Kelch schmal glockig, grünlich bis bräunlich, mit schmal lanzettlichen Kelchblättern.

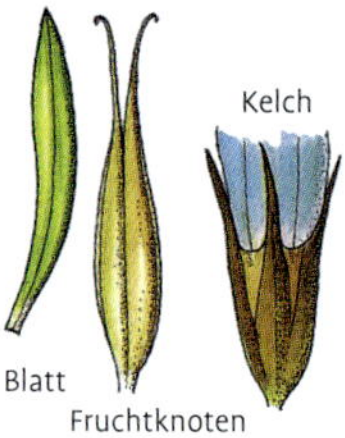

Standort 1400–2400 m; Kalkschutt, Fels, steinige Rasen.

Verbreitung Karawanken, Steiner Alpen. §

Schnee-Enzian

Gentiana nivalis · Familie Enziangewächse

5–15 cm hohe, zierliche, einjährige Pflanze; Stängel vom Grund an verzweigt, mit vielen tiefblauen Blüten. ✿ Jun–Aug

Blätter am Grund eiförmig; Stängelblätter lanzettlich; **Blüten** an Zweig- und Stängelenden; Krone 8–15 mm breit, mit 5 sternförmig ausgebreiteten Zipfeln, die oft propellerartig gedreht sind; Kelch kantig, der Kronröhre anliegend, mit schmalen, gekielten Zähnen.

Standort Bis 3000 m, kalkliebend; offene Rasen, Grate.

Verbreitung Gebirge in S- und M.-EU. §

Wissenswert! Der S. reagiert sehr empfindlich auf Temperaturschwankungen. Schon ein Wolkenschatten genügt, um das Schließen der Blüte auszulösen.

Clusius-Enzian Kelchbuchten eng

Stängelloser Enzian Kelchbuchten breit und häutig

Karawanken-Enzian

Schnee-Enzian

Frühlings-Enzian

Gentiana verna · Familie Enziangewächse

5–15 cm hoch, lockerrasig wachsend, mit dichtblättrigen, sterilen Trieben; blaue Einzelblüten an kurzen Stielen.
✩ Mär–Aug

Blätter in Grundrosetten 2–3 cm lang, lanzettlich, steif, 1- bis 3-nervig, Stängelblätter gegenständig, kleiner; **Blüten** 20–30 mm breit, mit 5 sternförmig ausgebreiteten Zipfeln, dazwischen mit 2-spitzigem, weißstreifigem Anhängsel; Kelch schmal geflügelt, spitzzähnig.
Standort Tallagen bis 3000 m, meist auf Kalk; Weiden, offene Rasen, Zwergstrauchheiden, Flachmoore.
Verbreitung Gebirge in EU und Asien. §
Wissenswert! Der F., im Volksmund auch Schusternagerl, blüht im Herbst oft ein 2. Mal.

Kurzblättriger Enzian

Gentiana brachyphylla · Fam. Enziangew.

3–6 cm hoch, mit kurzen oder fehlenden Stängeln; blaue Einzelblüten mit weißem Schlund und enger Kronröhre.
✩ Jun–Aug

Blätter in Grundrosetten breit oval bis rhombisch, spitz, matt, weich, oft heller grün, kaum größer als die Stängelblätter; **Blüten** 2–15 mm über oberstem Blattpaar; Kronzipfel doppelt so lang wie breit, außen grünlich; Kelchkanten kaum geflügelt.
Standort 1800–4200 m (höchststeigender Enzian in den Alpen); kalkarme Böden.
Verbreitung Alpen, Pyrenäen. §

Ähnlich **Dachziegeliger Enzian** *G. terglouensis* mit breit lanzettlichen, scharf zugespitzten Blättern; auf Kalk; SO-Alpen. §

Rundblättriger Enzian

Gentiana orbicularis · Fam. Enziangewächse

3–8 cm hohe Staude mit kurzen oder fehlenden Stängeln; dicht über dem obersten Blattpaar tiefblaue Blüten.
✩ Jul–Aug

Blätter am Grund rundlich bis verkehrt eiförmig, im mittleren Drittel am breitesten, starr, dunkelgrün glänzend; abgestorbene Blätter oft vorhanden (nicht so beim Frühlingsenzian); **Blüten** einzeln, mit breiten Kronzipfeln; Kelch deutlich geflügelt.
Standort 1600–2800 m, kalkreiche Böden.
Verbreitung Alpen; S-Spanien bis N-Balkan. §
Wissenswert! Nur mit genauem Hinsehen können die Arten dieser Seite, die alle eng verwandt sind mit dem Frühlings-Enzian, bestimmt werden. Bestäuber sind langrüsselige Tagfalter.

Bayerischer Enzian

Gentiana bavarica · Familie Enziangewächse

5–15 cm hoch, mit dichtblättrigen, sterilen Trieben und aufsteigenden Stängeln mit tiefblauen Einzelblüten.
✩ Jul–Sep

Blätter eiförmig bis spatelig, oberhalb der Mitte am breitesten, glänzend, weich, die unteren oft kleiner als die oberen; **Blüten** stumpfzipflig, mit enger Röhre; Kelch halb so lang, kaum geflügelt.
Standort Bis 3600 m, bodenvag; Schneetälchen, Feinschutt.
Verbreitung Nur Alpen; in Hochlagen mit rundlichen, dicht gedrängten Blättern. §

Ähnlich **Rostans Enzian** *Gentiana rostani*, untere Blätter nicht rosettig, schmal oval, matt; bis 2600 m, Feuchtwiesen; W-Alpen. §

Frühlings-Enzian

Kurzblättriger Enzian
Kelch kaum geflügelt

Rundblättriger Enzian

Bayerischer Enzian
untere Blätter gedrängt, nicht rosettig

Niedriger Enzian *Gentiana pumila* ssp. *delphinensis* · Familie Enziangewächse

3–10 cm hoch, Blätter linealisch lanzettlich, die blauen Einzelblüten auf kurzen, kantigen Stielen. ✿ Jun–Aug

Blätter in Grundrosetten 8–15 mm lang, einnervig, raurandig; Stängelblätter kleiner; **Blüten** mit lanzettlichen Kronzipfeln; Kelch 16–20 mm, mit schmal lanzettlichen Zähnen.
Standort Bis 2800 m; offene Rasen.
Verbreitung SW-Alpen, Pyrenäen. §

Niederliegender Enzian

Gentiana prostrata · Familie Enziangewächse

Einjährig, 2–5 cm hoch, mit niederliegenden bis aufsteigenden Stängeln und hell- bis stahlblauen Einzelblüten. ✿ Jul–Sep

Blätter am Grund dicht gedrängt, verkehrt eiförmig, fleischig, gekielt, knorpelrandig; **Blüten** endständig, zwischen den 5 Kronzipfeln je 1 fast gleich großes, dreieckiges Anhängsel; Kelch ungeflügelt.
Standort 2000–3200 m; Rasen, Feinschutt.
Verbreitung O-Alpen (bis Graubünden). §

Zwerg-Enzian

Gentianella nana · Familie Enziangewächse

Einjährig, 2–5 cm hoch, Stängel verzweigt, Äste einblütig, Blüten blasslila bis blauviolett. ✿ Jul–Sep

Blätter am Grund eiförmig; **Blüten** meist 5-zählig, Krone röhrig-glockig, mit aufgerichteten bis ausgebreiteten Zipfeln und weißbärtigen Schlundschuppen.
Standort Bis 3400 m; kalkarme Böden.
Verbreitung Östliche Zentralalpen. §

Zarter Enzian

Gentianella tenella · Familie Enziangewächse

Einjährige, 2–10 cm hohe, zierliche Pflanze mit verzweigten Stängeln, einblütigen Ästen und blaulila Blüten. ✿ Jul–Okt

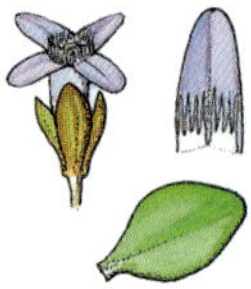

Blätter am Grund lanzettlich bis spatelig; **Blüten** an nur unten beblätterten Ästen; Krone mit 4 kaum ausgebreiteten Zipfeln und bärtigem Schlund; Kelch tief 4-teilig.
Standort 1700–3400 m; Rasen, Grate.
Verbreitung Alpen, Spanien bis Karpaten. §

Rauer Enzian

Gentianella aspera · Familie Enziangewächse

Zweijährig, 5–30 cm hoch, mit einfachen oder verzweigten Stängeln; Blüten violettrot, in doldigem Blütenstand. ✿ Jun–Sep

Blätter am Grund eiförmig, Stängelblätter lanzettlich; **Blüten** 20–40 mm lang, Krone 5-teilig, mit weißbärtigem Schlund; Kelch tief 5-teilig, spitzbuchtig, Ränder der Kelchzähne nach außen umgerollt, von Papillen rau (Name! Lupe benützen!).
Standort 700–2500 m, kalkstet; steinige Böden, Schutt, Magerrasen.
Verbreitung O-Alpen (bis Gotthard). §

Feld-Enzian

Gentianella campestris · Familie Enziangew.

5–25 cm hohe Pflanze mit aufrechtem, oft verzweigtem Stängel und 4-zähligen, lila bis violetten Einzelblüten. ✿ Jul–Okt

Blätter am Grund spatelig, Stängelblätter lanzettlich; **Blüten** in Blattachseln oder an Zweigenden; Krone mit eiförmigen Zipfeln und langbärtigem Schlund; Kelch röhrig, tief 4-teilig, äußere Kelchzipfel breit lanzettlich, innere deutlich schmaler (damit gut von ähnlichen Arten unterscheidbar).
Standort 600–2900 m; Rasen, Weiden.
Verbreitung Gebirge von S- bis N-EU. §

Niedriger Enzian

Niederliegender Enzian schließt bei Berührung die Blüten

Zwerg-Enzian

Zarter Enzian

Rauer Enzian

Feld-Enzian Kelchzipfel verschieden breit

Himmelsleiter

Polemonium caeruleum · F. Sperrkrautgew.

30–90 cm hohe Staude mit gefiederten Blättern, Stängel kantig, Blüten blau, in drüsenhaariger Rispe. ✿ Jun–Sep

Blätter wechselständig, die unteren gestielt, die oberen sitzend, unpaarig gefiedert, beidseits mit 8–15 lanzettlichen Teilblättern; **Blüten** 5-zählig, 15–20 mm breit; Krone am Grund weißlich, weit trichterförmig bis ausgebreitet, mit gerundeten Zipfeln; Kelch bis zur Mitte 5-teilig.

Standort Vom Tal bis 2300 m; Feuchtwiesen, Hochstauden- und Karfluren.

Verbreitung N- und M.-EU; Pyrenäen, Balkan. §

Wissenswert! Die Sperrkrautgewächse umfassen weltweit über 300 Arten. Die meisten wachsen in N- und S-Amerika.

Alpen-Vergissmeinnicht

Myosotis alpestris · Fam. Raublattgewächse

5–15 cm hoch, rasig wachsend, Stängel rauhaarig beblättert, Blüten lebhaft blau, in gedrängten Wickeln. ✿ Jun–Aug

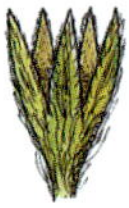

Frucht

Blätter in Grundrosetten gestielt; Stängelblätter eiförmig bis lanzettlich; **Blüten** bis 9 mm breit, mit gelben Schlundschuppen; Kelch mit zahlreichen anliegenden und nur wenigen abstehenden Haaren; Kelchgrund in den Stiel verschmälert; **Frucht** ein schwarzes Nüsschen.

Standort 1300–3000 m, auf Kalk- und Silikatböden; feuchte Flächen, Rasen, Schutt- und Blockfluren.

Verbreitung Gebirge in EU, Asien, N-Amerika.

Wissenswert! Die kurze Kronröhre gewährt auch kurzrüsseligen Tagfaltern und Fliegen Zugang zum Nektar.

Himmelsherold

Eritrichium nanum · Fam. Raublattgewächse

2–5 cm hoch, in flachen Polstern wachsend, glänzend seidig bis wollig-zottig behaart, mit himmelblauen Blüten. ✿ Jun–Aug

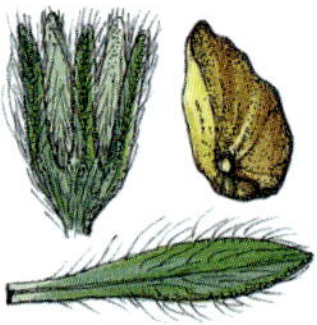

Blätter lanzettlich; viele sterile Blattrosetten; **Blüten** kurz gestielt in armblütigen Wickeln; Krone 5–9 mm breit, mit gerundeten, ausgebreiteten Zipfeln und kurzer, weißlicher Kronröhre mit gelben Schlundschuppen; Kelch fast bis zum Grund 5-teilig.

Standort 2000–3600 m, meist auf sauren Böden, in den SO-Alpen auch über Kalk; Fels, Feinschutt, steinige Rasen.

Verbreitung Alpen bis Karpaten. §

Wissenswert! Der botanische Name dieser Art bezieht sich auf die dichte Behaarung (griech. erion = Wolle, trichos = Haar).

Pyramiden-Günsel

Ajuga pyramidalis · Fam. Lippenblütengew.

10–20 cm hoch, pyramidenförmig, mit lila bis violetten Blüten und rotvioletten Hochblättern. ✿ Jun–Aug

Stängel einfach, ohne Ausläufer (im Gegensatz zum Kriechenden Günsel der tieferen Lagen, ⇨ Wildblumen S. 156); **Blätter** verkehrt eiförmig, ganz- bis kerbrandig, Rosetten zur Blütezeit meist noch vorhanden; **Blüten** zu 4–8 in Quirlen übereinander; Hochblätter im Blütenstand dicht stehend, deutlich länger als die Blüten; Krone mit kurzer Oberlippe.

Standort Bis 2800 m, kalkarme Böden; Magermatten, Weiden, Zwergstrauchheiden.

Verbreitung Alpen (besonders Zentral- und S-Alpen), Gebirge von S-EU bis N-EU.

Wissenswert! Die Hochblätter bieten den Blüten Schutz gegen Regen und erhöhen durch ihre Färbung die Schauwirkung, sodass für die kleinen Blüten die Chance auf Fremdbestäubung steigt. Besucher sind meist Hummeln und Bienen.

Himmelsleiter

Alpen-Vergissmeinnicht

Himmelsherold Bestäuber sind Fliegen und Falter

Pyramiden-Günsel

Pyrenäen-Drachenmaul

Horminum pyrenaicum · F. Lippenblütengew.

10–30 cm hoch, Stängel kantig, Blätter runzelig, Blüten violett, in einseitswendiger Scheinähre. ✰ Jun–Aug

Blätter in Grundrosette gestielt, oval bis rundlich, gekerbt; Stängelblätter kleiner, spitz; **Blüten** zu 2–4 quirlig in Achseln von Tragblättern; Krone doppelt so lang wie der Kelch, mit aufrechter Oberlippe und 3-lappiger Unterlippe; Kelch 2-lippig mit spitzen Zähnen.
Standort 1000–2500 m, kalkstet; steinige Rasen, Geröll, lichte Wälder.
Verbreitung S-Alpen (kaum im N), Pyrenäen. §
Wissenswert! Das P. ist die einzige Art der Gattung. Ungeachtet seines Namens hat es seinen Ursprung nicht in den Pyrenäen, sondern in den Alpen.

Berg-Drachenkopf

Dracocephalum ruyschiana · Familie L.b.g.

10–30 cm hoch, mit aufsteigenden bis aufrechten Stängeln und 2–6 blauvioletten Helmblüten in Etagenquirlen. ✰ Jun–Aug

Blätter linealisch lanzettlich, derb, sitzend, mit nach unten gerolltem Rand; **Blüten** kurz gestielt; Krone 25–30 mm lang, mit helmförmig gewölbter Oberlippe, bauchig erweiterter Kronröhre und 3-lappiger Unterlippe.
Standort 1200–2300 m; warme Bergwiesen, Nadelwälder, steinige Böden.
Verbreitung Seealpen bis Tirol; Pyrenäen bis Balkan, Skandinavien, Asien. §
Wissenswert! Ursprüngliche Heimat sind die Steppen und Gebirge Zentralasiens, wo noch weitere 40 verwandte Arten wachsen. Der Name erinnert an den holländischen Botaniker F. Ruysch (1628–1731).

Alpen-Steinquendel

Acinos alpinus · Fam. Lippenblütengewächse

10–25 cm hoch, nach Minze riechend, mit am Grund verholzten, aufsteigenden Stängeln und violetten Blüten. ✰ Jun–Sep

Blätter gekreuzt gegenständig, kurz gestielt, oval bis elliptisch, oft vorne gezähnt; **Blüten** kurz gestielt, zu 3–8 in Scheinquirlen in den oberen Blattachseln; Krone röhrenförmig, 10–20 mm lang, mit weißen Flecken auf der 3-lappigen Unterlippe; Kelch behaart, röhrenförmig, in der Mitte verengt, deutlich 2-lippig.
Standort Vom Tal bis 2700 m, kalkliebend; steinige Rasen, Schutt, Felshänge.
Verbreitung Gebirge in M.- und S-EU sowie von N-Afrika bis nach Kleinasien.

Kärntner Kuhtritt

Wulfenia carinthiaca · Fam. Braunwurzgew.

20–40 cm hoch, Stängel aufrecht, oben kleinschuppig beblättert; Blüten blauviolett, in einseitswendiger Traube. ✰ Jun–Jul

Blätter in Grundrosetten, bis 15 cm lang, glänzend, kurz gestielt, verkehrt eiförmig, grob kerbrandig; **Blüten** bis 15 mm, mit langer Kronröhre, 2-lippig; Oberlippe einfach, kürzer als die 3-lappige Unterlippe; Kelch 5-zipfig.
Standort 1300–2000 m; Alpweiden, Hochstaudenfluren, Grünerlengebüsch.
Verbreitung Nur Karnische Alpen. §
Wissenswert! Benannt nach F. X. von Wulfen, 1728–1805, Professor für Mathematik und Physik in Klagenfurt, der die Pflanze entdeckte. Kärntner Nationalblume!

Pyrenäen-Drachenmaul

Berg-Drachenkopf

Alpen-Steinquendel Bestäuber sind Hummeln und Bienen

Kärntner Kuhtritt

Alpen-Leinkraut

Linaria alpina · Familie Braunwurzgewächse

5–15 cm hoher Schuttkriecher mit zahlreichen niederliegenden bis aufsteigenden Trieben; Blüten blauviolett. ✿ Jun–Sep

Blätter schmal lanzettlich, fleischig, blaugrün bereift; **Blüten** in kurzen, endständigen Trauben; Krone bis 25 mm, mit langem Sporn, 2-lippig; Unterlippe 3-lappig, mit orangefarbenen Wülsten am Schlund (Blütenverschluss und Maskierung).
Standort Bis 4200 m, meist auf Kalk, aber auch auf sauren Böden; Schutt, Geröll.
Verbreitung Gebirge in S- und M.-EU.
Wissenswert! Nur kräftige, langrüsselige Insekten können die Unterlippe herabdrücken und an den Nektar im Sporn gelangen. Daher wird die Bestäubung vor allem von Erdhummeln geleistet.

Blaues Mänderle

Paedarota bonarota · Familie Braunwurzgew.

10–20 cm hoch, oft überhängend wachsend; Stängel beblättert, mit blauvioletten Blüten in vielblütiger Traube. ✿ Jun–Aug

Gelbes M.

Blaues M.

Blätter breit eiförmig, sägezähnig; **Blüten** mit röhriger Krone; Oberlippe ungeteilt, Unterlippe tief 3-lappig.
Standort Bis 2500 m; Kalk- und Dolomitfels.
Verbreitung S-Kalkalpen, selten im N. §

Ähnlich **Gelbes Mänderle** *Paedarota lutea*, Blätter lanzettlich, Blüten blassgelb; Kalkfelsen in den SO-Alpen. §

Alpen-Ehrenpreis

Veronica alpina · Fam. Braunwurzgewächse

5–15 cm hoch, behaart bis fast kahl, Stängel gegenständig beblättert; blaulila Blüten in gedrängter Doldentraube. ✿ Jun–Aug

oben

Mitte

Blätter sitzend, 10–25 mm lang, die mittleren am größten; eiförmig, ganzrandig, meist drüsig bewimpert und locker behaart; keine Grundrosetten; **Blüten** nur an wenigen Trieben, 5–7 mm breit; Krone mit kurzer Röhre und ungleich 4-teiligem, flachem Kronsaum, von 2 Staubblättern und einem fadenförmigen Griffel überragt (wie bei allen Ehrenpreis-Arten).
Standort 1200–3400 m, auf feuchten, lange schneebedeckten, leicht sauren Böden, Feinschutt, Lägerstellen, Schneetälchen.
Verbreitung Alpen (seltener in S-Alpen); Pyrenäen bis Balkan, Arktis.

Blattloser Ehrenpreis

Veronica aphylla · Fam. Braunwurzgewächse

2–8 cm hoch, Stängel behaart, am Grund mit Blattrosetten; Blüten lila bis blauviolett, in aufrechtem Blütenstand. ✿ Jun–Aug

Blätter nur am Grund, Stängel blattlos (Name!); Blätter breit eiförmig, kurz kerbzähnig, locker behaart; **Blüten** zu 2–5; Krone mit 4 dunkler geäderten Zipfeln und weißem Schlund; Kelch, Blütenstiele und Tragblätter drüsenhaarig.
Standort 1200–2800 m, kalkliebend; offene Rasen, Schneetälchen, Schutt, Fels.
Verbreitung Kalkalpen; S- und M.-EU.
Wissenswert! Der Gattungsname rührt von der hohen Wertschätzung des Echten oder Wald-Ehrenpreises (⇨ Wildblumen S. 154) als Heilmittel her: „Ihm sei Ehr und Preis“, lat. vera unica medicina, das einzig wahre Heilmittel.

Alpen-Leinkraut überkriecht beweglichen Schutt

Blaues Mänderle

Alpen-Ehrenpreis

Blattloser Ehrenpreis

Felsen-Ehrenpreis

Veronica fruticans · Familie Braunwurzgew.

5–20 cm hoch, Stängel aufsteigend und verzweigt, tiefblaue Einzelblüten in lockeren, endständigen Trauben. ✿ Jun–Aug

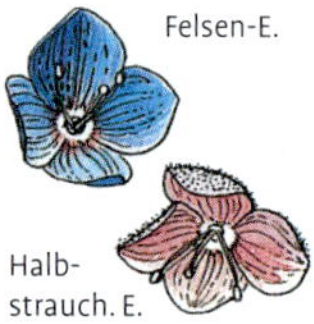

Blätter schmal bis breit oval, ganzrandig oder gezähnt; **Blüten** mit 4 ungleichen Zipfeln, Schlund weiß mit rotem Ring.
Standort Bis 3000 m, steinige Böden, Felsen.
Verbreitung Gebirge in S- und M.-EU.

Ähnlich **Halbstrauchiger Ehrenpreis** *V. fruticulosa*, Blüten blassrosa, dunkler geädert; Kalkfels u. -schutt, M.- und S-EU.

Alpenhelm

Bartsia alpina · Familie Braunwurzgewächse

10–30 cm hoch, behaart, mit stumpfkantigem, einfachem Stängel und langröhrigen, dunkelvioletten Blüten. ✿ Jun–Aug

Blätter kreuzweise gegenständig, eiförmig, kerbrandig, leicht runzelig, sitzend; **Blüten** 15–25 mm lang, einzeln in den oberen Blattachseln sitzend, 2-lippig; Oberlippe flach helmförmig (Name!), ganzrandig, überragt die 3-teilige Unterlippe; 4 Staubfäden mit weißwolligen Beuteln; Kelch zottig behaart.
Standort 1000–3000 m, vor allem auf Kalk; Wiesen, Weiden, Quell- und Flachmoore.
Verbreitung Alpen, Pyrenäen, Mittelgebirge, arktische Region.
Wissenswert! Der A. wurde von Linné nach dem früh verstorbenem Arzt und Freund J. Bartsch benannt.

Nacktstängelige Kugelblume

Globularia nudicaulis · Fam. Kugelblumeng.

10–25 cm hohe Staude mit blattlosem Stängel (Name!); viele blauviolette Blüten in kugeligem Blütenstand. ✿ Mai–Jul

Blätter in Grundrosette, schmal eiförmig, in den Stiel verschmälert, bis 15 cm lang; Stängel aufrecht, mit 1–3 kleinen Blattschuppen; **Blüten** 10 mm lang, trichterförmig, 2-lippig, zahlreich in 15–25 cm breitem Blütenkopf; Kelch fast kahl.
Standort Bis 2700 m, trockene Rasen, auf Kalk.
Verbreitung Gebirge in SW- und M.-EU. §
Wissenswert! Kugelblumen sind ausdauernde Pflanzen mit lederartigen, kahlen und ganzrandigen Blättern sowie zwittrigen Blüten. Die blütentragenden Stängel sind aufrecht und nicht verzweigt, die Blütenkronen meist blau bis blauviolett, die 5 Kronblätter röhrig verwachsen mit 2-lippigem Rand. Die vier Staubblätter ragen weit aus der Kronröhre heraus.

Herzblättrige Kugelblume

Globularia cordifolia · Fam. Kugelblumengew.

3–10 cm hoher, teppichbildender Spalierstrauch; holzige Stängel mit endständigen, blassblauen Blütenköpfen. ✿ Mai–Aug

Blätter ledrig, bis 40 mm lang, spatelförmig, in den Stiel verschmälert, vorne gerundet oder herzförmig ausgerandet (Name!); aufrechte Blütenstängel blattlos oder mit lanzettlichen Blattschuppen; **Blüten** zahlreich in 10–15 mm breitem, kopfig-kugeligem Blütenstand; Krone bis 8 mm, 2-lippig, röhrig bis trichterförmig; Kelch mit 5 schmalen Zipfeln.
Standort Tallagen bis 2800 m, kalkliebend; Schutt, Fels, magerer Trockenrasen.
Verbreitung Kalkketten der Alpen, in Zentralalpen selten oder fehlend; Jura, Tatra.
Wissenswert! Die vielblütigen Kugelköpfe haben Signalwirkung für Bestäuber. Die Kronröhre ist allerdings so eng, dass nur Falter mit dünnen Rüsseln an den Nektar kommen.

Felsen-Ehrenpreis

Alpenhelm

Nacktstängelige Kugelblume

Herzblättrige Kugelblume

Ährige Glockenblume

Campanula spicata · F. Glockenblumengew.

Zweijährige, 15–80 cm hohe, behaarte Pflanze mit vielen blauvioletten, schmal glockigen Blüten in langer Ähre. ✰ Jun–Aug

Blätter am Grund schmal lanzettlich, mit welligem Rand, in den Stiel verschmälert; Stängelblätter mit abgerundetem Grund den Stängel halb umfassend; **Blüten** 15–25 mm lang; Kelch behaart, mit stumpfen Buchten und lanzettlichen Zipfeln.

Standort Von Tallagen bis 2500 m; trockene, steinige Böden, Steilhänge, Felsen und Schutt.

Verbreitung Zentral- und S-Alpen, Apennin, Abruzzen, Balkan. §

Wissenswert! Durch 3 Poren am Grund der Fruchtkapsel werden die flugfähigen Samen hinausgeschleudert.

Bärtige Glockenblume

Campanula barbata · F. Glockenblumengew.

10–40 cm hohe Staude mit rauhaarigem Stängel und hellblau bis blauvioletten Blüten mit bärtig behaarten Zipfeln. ✰ Jun–Aug

Blätter am Grund länglich lanzettlich; **Blüten** nickend, einseitswendig; Krone glockig, Kelchzipfel kürzer, mit eiförmigem Anhängsel in Buchten.

Standort Bis 2700 m, saure Böden.

Verbreitung Alpen, Karpaten, Norwegen.

Ähnlich **Alpen-Glockenblume** *C. alpina*, 5–20 cm, Kelch mit linealischen, fast blütenlangen Zipfeln; O-Alpen.

Allionis Glockenblume

Campanula alpestris · F. Glockenblumengew.

5–15 cm hohe, zerstreut behaarte Staude; blass bis tief violettblaue Einzelblüten, diese aufrecht oder geneigt. ✰ Jun–Aug

Blätter in Grundrosetten, schmal lanzettlich, ganzrandig bis schwach gezähnt, stumpf; Stängelblätter linealisch; **Blüten** 30–40 mm lang, glockig, kahl oder auf den Nerven außen kurz behaart; Kelchzipfel höchstens halb so lang wie die Krone, rauhaarig, mit zurückgeschlagenem, herzförmigem Anhängsel in den Kelchbuchten.

Standort 1400–2800 m, auf Kalk und Kalkschiefer, steinige Rasen, Schutt.

Verbreitung Nur SW- und W-Alpen (Italien, Frankreich). §

Wissenswert! Benannt ist die Art nach C. Allioni (Turin, 18. Jh.), Verfasser einer Piemont-Flora.

Scheuchzers Glockenblume

Campanula scheuchzeri · Familie G.b.g.

5–40 cm hohe, lockerrasig wachsende Staude; Stängel kahl, Blüten blauviolett, in lockerer Traube. ✰ Jul–Aug

Blätter am Grund lang gestielt, rundlich bis herzförmig, kerbzähnig; Stängelblätter länglich eiförmig bis linealisch lanzettlich, bewimpert; **Blüten** an dünnen Stielen, leicht nickend oder aufrecht in Vollblüte; Krone 15–25 mm lang, glockig; Knospen nickend; Kelch ohne Anhängsel, mit abstehenden Zipfeln.

Standort 1000–3200 m, leicht saure Böden; Rasen, Felsfluren.

Verbreitung Gebirge in M.- und S-EU.

Wissenswert! Die nach dem Schweizer Naturforscher J. J. Scheuchzer (1672–1733) benannte Art ist eng verwandt mit der Rundblättrigen Glockenblume tieferer Lagen (⇨ Wildblumen S. 148).

Ährige Glockenblume

Bärtige Glockenblume Kelchbuchten mit Anhängsel

Allionis Glockenblume Kelchbuchten mit Anhängsel

Scheuchzers Glockenblume

Zierliche Glockenblume

Campanula cochlearifolia · Familie G.b.g.

5–15 cm hoch, rasig wachsend, mit aufsteigenden Stängeln und hellblauen bis blaulila Blüten. ✿ Jun–Sep

Blätter am Grund gestielt, breit eiförmig bis rundlich, kerbzähnig; Stängelblätter länglich, die obersten linealisch; **Blüten** einzeln oder in wenigblütigen Trauben, nickend; Krone 10–20 mm lang, glockig; Kelch kahl, mit pfriemlichen Zipfeln, ohne Anhängsel.

Standort Von Tallagen bis 3000 m, kalkliebend; steinige Rasen, Schutt, Fels.

Verbreitung Alpen, vor allem in den Kalkketten; Pyrenäen bis Balkan.

Wissenswert! Botanisch wurde die Z. G. nach der Form der Grundblätter benannt, die denen des Löffelkrauts (*Cochlearia*, ⇨ Wildblumen S. 26) ähneln.

Krainer Glockenblume

Campanula zoysii · Fam. Glockenblumengew.

5–10 cm hoch, rasig oder in Polstern wachsend, kahl, mit aufsteigenden Stängeln und hell blauvioletten Blüten. ✿ Jul–Aug

Blätter am Grund gestielt, Blattspreite oval bis rundlich; Stängelblätter lanzettlich bis linealisch, fast sitzend; **Blüten** einzeln oder in wenigblütigen Trauben, meist nickend; Krone krugförmig, mit bauchigem Grund, oben durch gefaltete und zusammenneigende, innen durch weißbärtige Kronzipfel fast verschlossen; Kelchzipfel pfriemlich.

Standort 1500–2300 m, selten auch tiefer; kalkstet, auf Fels und Schutt.

Verbreitung Nur SO-Alpen. §

Wissenswert! Karl Freiherr von Zoys (1756–1800) aus Krain entdeckte diese Art.

Ausgeschnittene Glockenblume

Campanula excisa · Familie G.b.g.

5–15 cm hoch, lockerrasig wachsend; Blüten hell blauviolett, mit rund ausgeschnittenen Kelchbuchten (Name!). ✿ Jul–Aug

Blätter in Rosetten rundlich, Stängelblätter schmal lanzettlich bis linealisch; **Blüten** endständig, einzeln, nickend; Krone eng glockig; Kelchzipfel pfriemlich, abstehend.

Standort Bis 2500 m, auf Silikatgestein; Fels, Schutt.

Verbreitung Nur W-Alpen (Grajischen Alpen bis Tessin). §

Wissenswert! Wenn Insekten seitlich über die Buchten in die Blüte eindringen, treffen sie auf einen stark verkürzten Griffel- und Staubblattbereich, sodass auch in diesem Fall eine Bestäubung erfolgen kann – eine geschickte Anpassungsstrategie.

Mont-Cenis-Glockenblume

Campanula cenisia · Familie G.b.g.

1–5 cm hoch, lockerrasig wachsend, mit aufsteigenden Stängeln und hell blaulila bis graublauen Einzelblüten. ✿ Jul–Sep

Blätter fleischig, ganzrandig; zahlreiche sterile Rosetten mit rundlichen bis ovalen Blättern, Stängel bis unter die Blüte mit breit lanzettlichen Blättern; **Blüten** endständig, aufrecht; Krone weit trichterig, mit sternförmig ausgebreiteten Kronzipfeln; Kelch behaart, mit lanzettlichen, fast blütenlangen Zipfeln.

Standort 1900–3800 m; meist auf kalkhaltigem Schieferschutt, Felsbändern, Moränen.

Verbreitung W-Alpen, nach O bis Tirol. §

Wissenswert! Höchststeigende Glockenblume der Alpen!

Zierliche Glockenblume

Krainer Glockenblume

Ausgeschnittene Glockenblume

Mont-Cenis-Glockenblume

Dolomiten-Glockenblume

Campanula morettiani · Familie G.b.g.

3–8 cm hoch, in kleinen Rasen wachsend; Stängel mit glockig bis trichterförmigen, blau- bis rotvioletten Blüten. ✿ Aug–Sep

Stängel, Blätter und Kelch borstig behaart; **Blätter** am Grund lang gestielt, breit oval bis herzförmig, gezähnt; Stängelblätter oval, in den Stiel verschmälert, die obersten sitzend; **Blüten** meist einzeln, endständig, 20–30 mm lang, mit kurzen, eiförmig zugespitzten Zipfeln mit dunklerer Äderung; Kelch mit lanzettlichen Zipfeln, Kelchbuchten ohne Anhängsel.

Standort 1400–2500 m, in Ritzen und Spalten senkrechter oder überhängender Kalkfelsen.

Verbreitung Nur in den Dolomiten. §

Insubrische Glockenblume

Campanula raineri · F. Glockenblumengew.

5–10 cm hoch, lockerrasig wachsend, mit aufsteigenden Stängeln sowie großen und weit glockigen, hellblauen Blüten. ✿ Jul–Aug

Blätter oval, 1–2 cm breit, stumpf gezähnt, mit kurzem Stiel, kurzhaarig an Rand und Nerven; **Blüten** 3–4 cm breit, einzeln, endständig, fast sitzend, mit kurzen Kronzipfeln; Kelchzähne breit lanzettlich, kurz behaart, gezähnt, deutlich kürzer als die Krone, mit spitzen Buchten.

Standort 1000–2400 m, meist über 1500 m; Kalkfels und -schutt.

Verbreitung Italienische S-Alpen zwischen Comer See und Gardasee. §

Wissenswert! Mit dem botanischen Namen dieser Pflanze wurde Erzherzog Rainer von Österreich gewürdigt.

Schopfige Teufelskralle

Physoplexis comosa · F. Glockenblumengew.

5–15 cm hoch, mit aufsteigenden bis hängenden Trieben und vielen blassvioletten Blüten in halbkugeligem Schopf. ✿ Jun–Aug

◁Einzelblüte

Blätter glänzend dunkel- bis blaugrün; Grundblätter lang gestielt, nierenförmig bis elliptisch, gezähnt; Stängelblätter lanzettlich, gesägt; **Blüten**krone 15–20 mm lang, unten bauchig, mit Spalten, oben in dunkelvioletten Schnabel auslaufend, vom Griffel weit überragt.

Standort 300–2000 m, schattiger Kalkfels.

Verbreitung Comer See bis Karawanken. §

Wissenswert! In der Eiszeit wurden viele Standorte vernichtet. Nur in den eisfreien Gebieten der S-Alpen konnte sie überleben.

Hallers Teufelskralle

Phyteuma ovatum · F. Glockenblumengew.

40–100 cm hoch, mit einfachem Stängel und schwarzvioletten Blüten in dichter, eiförmiger bis zylindrischer Ähre. ✿ Jun–Aug

Blätter am Grund lang gestielt, herzförmig, kaum länger als breit, grob doppelt gezähnt; Stängelblätter kleiner, die obersten lanzettlich, sitzend; **Blüten** mit schmal lanzettlichen Hüllblättern; Kronröhre 10–15 mm, anfangs nach oben gekrümmt.

Standort 700–2400 m, meist über Kalk; Fettwiesen, Hochstaudenfluren.

Verbreitung Gebirge in S- und M.-EU.

Wissenswert! Für alle Teufelskrallen gilt: Blüten in dichtem Blütenstand, von Hüllblättern umgeben; Krone schmalröhrig, 5-teilig, Kronzipfel bandförmig, am Grund und vorne verwachsen, dazwischen frei.

Dolomiten-Glockenblume

Insubrische Glockenblume

Schopfige Teufelskralle

Hallers Teufelskralle

Dolomiten-Teufelskralle

Phyteuma sieberi · Fam. Glockenblumengew.

5–25 cm hohe, behaarte Staude mit blauvioletten Blüten in dichtem Blütenkopf und breit zugespitzten Hüllblättern. ✿ Jul–Aug

Hüllblätter

△Dolom.-T.
◁Kugelige T.

Blätter am Grund gestielt, breit lanzettlich; Stängelblätter kleiner, sitzend; **Blüten** mit Hüllblättern fast so lang wie der Blütenkopf.
Standort Bis 2600 m; Kalkfels und -schutt.
Verbreitung S- bis SO-Alpen.

Ähnlich **Kugelige Teufelskralle** *P. orbiculare*, bis 50 cm hoch, Hüllblätter eiförmig-lanzettlich, lang zugespitzt; Pyrenäen bis Balkan.

Halbkugelige Teufelskralle

Phyteuma hemisphaericum · Familie G.b.g.

5–30 cm hoch, mit grasartigen Blättern; Blüten blauviolett, in kugeligem Blütenstand, gegen die Mitte gebogen. ✿ Jul–Aug

Halbkugelige T.

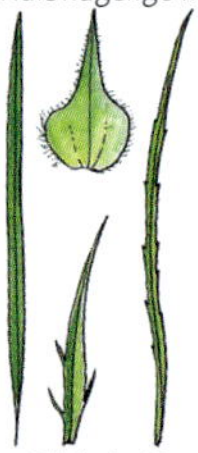

Rätische T.

Grund**blätter** ganzrandig, nur bis 2 mm breit, Stängelblätter linealisch; **Blüten**hüllblätter so lang wie Blütenkopf; Griffel herausragend.
Standort 1000–3600 m, auf sauren Böden.
Verbreitung Alpen, Gebirge in S- und M.-EU.

Ähnlich **Rätische T.** *P. hedraianthifolium*, Blätter gezähnt, Hüllblätter überragen den Kopf; Zentral- und S-Alpen.

Kugelblumenblättrige Teufelskralle *Phyt. globulariifolium*

Bis zu 5 cm hohe, kahle Staude mit wenigblättrigem Stängel und 4–12 blauvioletten Blüten in Köpfchen. ✿ Jul–Aug

△Hüllblatt
◁Stängelbl.

Blätter in Grundrosetten spatelig, am breitesten oberhalb der Mitte, in den Stiel verschmälert; Stängelblätter schmaler; **Blüten** etwa 10 mm lang, gegen die Mitte gekrümmt; Hüllblätter breit eiförmig bis rundlich, gewimpert, etwas kürzer als der Blütenkopf.
Standort 2000–3500 m, saure Böden; offene Rasen, Fels, Schutt.
Verbreitung Alpen, Pyrenäen.
Wissenswert! Teufelskrallen, die auf EU beschränkt sind, werden auch Rapunzeln genannt (lat. rapunculus = Rübchen), weil ihre Wurzeln meist rübenartig verdickt und fleischig sind.

Glänzende Skabiose

Scabiosa lucida · Familie Kardengewächse

10–50 cm hohe Staude mit einfachem Stängel und zahlreichen rotlila Blüten in endständigen Blütenköpfchen. ✿ Jul–Sep

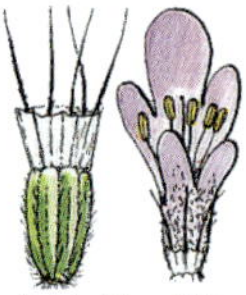

Kelch Einzelblüte

Blätter in Grundrosetten eiförmig, gekerbt; Stängelblätter fiederschnittig, mit schmalen Zipfeln; **Blüten** 5-teilig, mit ungleichen Zipfeln, Randblüten größer und strahlend; Außenkelch trockenhäutig, der eigentliche Kelch ist zu 5 langen, rotbraunen, glänzenden Borsten umgewandelt (Artname!).
Standort Bis 2700 m, kalkstet; steinige Rasen, Felsbänder, Schutthalden.
Verbreitung Gebirge in S- und M.-EU.
Wissenswert! Der trockenhäutige Außenkelch mit den 5 abspreizenden Kelchborsten dient als Fallschirm bei der Windverbreitung der Früchte.

Dolomiten-Teufelskralle

Halbkugelige Teufelskralle

Kugelblumenblättrige Teufelskralle

Glänzende Skabiose

Alpen-Aster

Aster alpinus · Familie Korbblütengewächse

5–20 cm hoch, meist einköpfig; Röhrenblüten zwittrig, gelb; weibliche Zungenblüten rotlila bis blauviolett. ✩ Jun–Aug

Blätter am Grund spatelig, am Stängel schmal lanzettlich; **Blüten**köpfe 30–45 mm breit.
Standort Bis 3100 m, auf Kalk; warme, steinige Böden.
Verbreitung Alpen, Mittelgebirge; Pyrenäen bis Asien, arktische Region. §

Echte Alpenscharte

Saussurea alpina · Fam. Korbblütengewächse

5–30 cm hoch, Stängel beblättert; nur violette Röhrenblüten in Köpfchen, diese in dicht kopfigem Blütenstand. ✩ Jul–Sep

Blätter lanzettlich, unterseits spinnwebhaarig, in den Stiel verschmälert; **Blüten**köpfe bis 20 mm lang.
Standort Bis 3100 m, eher saure Böden; Rasen, Schutt.
Verbreitung Pyrenäen bis Balkan, N-EU. §

Zweifarbige Alpenscharte

Saussurea discolor · Familie Korbblütengew.

5–30 cm hoch; Blätter unterseits weißfilzig, oberseits grün (zweifarbig, Name!); Blüten rotlila bis hellviolett. ✩ Jul–Sep

Blätter am Grund gestielt, breit lanzettlich, grobzähnig; obere schmaler, sitzend; **Blüten**köpfe dicht gedrängt.
Standort 1400–2800 m, meist auf Kalk, auch auf Silikat; steinige Rasen, Schutt.
Verbreitung Alpen; Spanien bis Balkan. §

Berg-Flockenblume

Centaurea montana · Fam. Korbblütengew.

20–70 cm hoch, graufilzig, Stängel meist einköpfig; Blütenköpfe mit roten Innen- und blauen, strahligen Randblüten. ✩ Mai–Aug

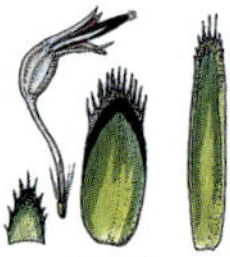

versch. Hüllschuppen

Blätter am Stängel herablaufend; **Blüten**hüllblätter beidseits schwarzfransig.
Standort 500–2200 m; Fettwiesen, Hochstauden.
Verbreitung Gebirge in M.- und S-EU.
Die **ähnliche Voralpen-F.** *C. alpestris* hat fiederteilige Blätter und purpurne Blüten.

Alpen-Milchlattich

Cicerbita alpina · Fam. Korbblütengewächse

60–200 cm hohe Staude mit Milchsaft; Stängel oben drüsenhaarig; Blütenköpfchen nur mit blauvioletten Zungenblüten. ✩ Jul–Aug

Blätter leierförmig fiederschnittig; gestielt bis stängelumfassend; **Blüten**köpfe 2–3 cm breit, zahlreich in verlängerter Traube, seltener Rispe.
Standort 700–2400 m, Bergwälder, Hochstaudenfluren.
Verbreitung Gebirge in EU.

Frühlings-Lichtblume

Bulbocodium vernum · Fam. Liliengewächse

5–15 cm hoch, mit 2–3 lanzettlichen, rinnigen Grundblättern und lila oder rosa Blüten mit 6 Staubblättern. ✩ Feb–Jun

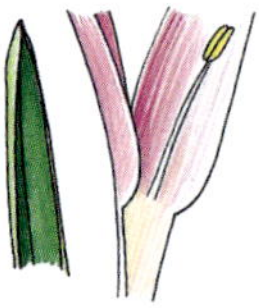

Blütenhüllblätter unten röhrig, nicht miteinander verwachsen.
Standort 600–2300 m; feuchte Böden.
Verbreitung Pyrenäen bis O-Alpen. §
Wissenswert! Der ähnliche Frühlings-Krokus hat grasartige Blätter u. 3 Staubblätter.

Alpen-Aster

Echte Alpenscharte

Zweifarbige Alpenscharte

Berg-Flockenblume

Alpen-Milchlattich

Frühlings-Lichtblume Blütenhülle nicht verwachsen

Grünerle

Alnus viridis · Familie Birkengewächse

Bis zu 3 m hoher, sommergrüner Strauch mit glatter Rinde und getrenntgeschlechtigen Blüten. ✿ Apr–Jun

Blätter oval, zugespitzt, gesägt, oberseits dunkelgrün, unterseits heller; **Blüten** getrenntgeschlechtig in Kätzchen am gleichen Strauch; männliche länglich, hängend; weibliche eiförmig, anfangs grün und klebrig, später braun und verholzend.

Standort Bis 2400 m; feuchte Hänge, lehmige Böden, Bach- und Waldränder.

Verbreitung Gebirge in M.- und SO-EU, Korsika.

Wissenswert! In steilen N-Lagen festigt die G. den Boden und verhindert Erdrutschungen. Im Winter kann dagegen für Skifahrer die Querung solcher Hänge gefährlich werden, weil die elastischen Zweige eine ideale Rutschbahn für Schneemassen sind.

Krautweide

Salix herbacea · Familie Weidengewächse

Teppichartig am Boden kriechender Zwergstrauch, tief im Boden baumartig ausgebreitet. ✿ Jun–Sep

Blätter 5–20 mm breit, rund, kurz gestielt, dünn, kahl, glänzend hellgrün, meist zu zweit gegenständig an Kurztrieben; **Blüten** getrenntgeschlechtig an verschiedenen Pflanzen, zu 4–12 in endständigen, kurz gestielten, fast kugeligen Kätzchen; Tragblätter gelbgrün; Staubbeutel vor dem Ausstäuben leuchtend rot, ebenso die jungen Früchte.

Standort 1800–3300 m; kalkfreie, durchfeuchtete Schuttböden, Schneetälchen.

Verbreitung Arktisch-alpin; Asien, N-Amerika; in EU südlich bis Pyrenäen, Apennin, Balkan.

Wissenswert! Vom Naturforscher Linné als kleinster Baum der Welt bezeichnet.

Stumpfblättrige Weide

Salix retusa · Familie Weidengewächse

Niederliegender Spalierstrauch mit locker verzweigtem Stamm und getrenntgeschlechtigen Blüten. ✿ Jun–Aug

Blätter an Zweigenden, oberseits glänzend, verkehrt eiförmig, vorn stumpf bis schwach ausgerandet; **Blüten** zu 1 bis über 10 in kleinen, endständigen Kätzchen; männliche Kätzchen kurz gestielt, eiförmig, mit 2 Staubblättern; weibliche Kätzchen längerstielig, mit kahlen Fruchtknoten.

Standort 1700–2500 m; lange schneebedeckte, meist kalkreiche Böden; Pionierpflanze auf Fels und Schutt.

Verbreitung Gebirge in M.- und S-EU; häufig.

Wissenswert! Fast alle Weiden sind zweihäusig, d. h. männliche und weibliche Blüten entwickeln sich an verschiedenen Pflanzen.

Netzblättrige Weide

Salix reticulata · Familie Weidengewächse

Kriechender Spalierstrauch mit wurzelndem Stamm und kurzen Zweigen, diese mit netzadrigen Blättern. ✿ Jul–Aug

Blätter rundlich, ganzrandig, manchmal behaart, bis zu 5 cm lang, oberseits runzelig, glänzend dunkelgrün, unterseits weißgrau; **Blüten** in aufrechten, rotstieligen Kätzchen; männliche Kätzchen mit roten Staubbeuteln beim Aufblühen, weibliche Kätzchen vielblütig, rotschuppig.

Standort 1700–3000 m; kalk- und humusreiche Böden, lockere Rasen, Felsschutt.

Verbreitung Häufig in den Alpen und im Bergland der nördlichen Halbkugel.

Wissenswert! Diese alpinen Kriech-Weiden weisen oft nur einen Jahresring-Zuwachs von 0,1 mm auf. Sie werden bis zu 40 Jahre alt.

Grünerle getrenntgeschlechtig, einhäusig

Krautweide getrenntgeschlechtig, zweihäusig

Stumpfblättrige Weide getrenntgeschlechtig, zweihäusig

Netzblättrige Weide

Zwerg-Miere

Minuartia sedoides · Familie Nelkengewächse

In moosartigen Polstern mit dicht beblätterten Stängeln und auffälligen, hellgrünen Kelchblättern. ✿ Jun–Sep

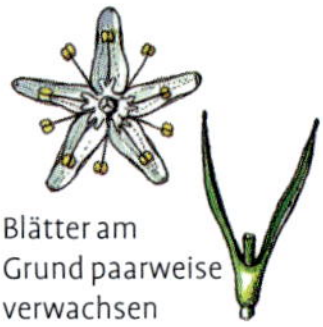

Blätter linealisch-lanzettlich, rinnig, die unteren absterbend; **Blüten** einzeln, kurz gestielt; Kronblätter meist fehlend, fadenförmig, weißlich; 5 schmal eiförmige Kelchblätter, 3-nervig, mit häutigem Rand; 3 Griffel, 10 Staubblätter.

Standort 1800–3800 m, über Kalk und Silikat; Pionierpflanze auf steinigen Böden, Schutt und Fels.

Verbreitung Alpen, Pyrenäen, Karpaten.

Wissenswert! Die robusten, gelbgrünen Kelchblätter sind ein guter Schutz gegen das raue Alpenklima und locken zugleich Fliegen als Bestäuber an.

Säuerling

Oxyria digyna · Familie Knöterichgewächse

5–30 cm hohe, kahle Staude mit hängenden Blüten und grünen bis roten, linsenförmigen Früchten. ✿ Jul–Aug

Blätter meist grundständig, lang gestielt, breiter als lang, nierenförmig, fast radiärnervig, Rand glatt oder leicht wellig, säuerlich schmeckend (Name!); **Blüten** zwittrig, in Quirlen in endständigen, einfachen oder verzweigten Blütenständen; 4 Blütenhüllblätter (bei *Rumex* 6), die beiden äußeren länglich und abstehend, die inneren viel größer und der Frucht anliegend; 2 Griffel.

Standort 1700–3400 m; Pionierpflanze auf kalkarmen, feuchten Böden, in Schneetälchen und Felsschutt.

Verbreitung Vor allem Zentralalpen, Pyrenäen, Karpaten bis Asien, Arktis.

Schnee-Ampfer

Rumex nivalis · Familie Knöterichgewächse

10–30 cm hohe Staude mit oft bogig aufsteigenden, einfachen Stängeln und roten Blüten. ✿ Jul–Aug

Blätter meist grundständig, lang gestielt, die ersten im Frühling oval mit abgerundeter Spitze, die später erscheinenden spießförmig, oft mit wenig deutlichen Zipfeln; **Blüten** eingeschlechtig oder zwittrig, in lockerem, meist unverzweigtem Blütenstand; zur Fruchtzeit die 3 äußeren Blütenhüllblätter zurückgebogen und dem Blütenstiel anliegend, die inneren rundlich, ganzrandig, mit kleiner Schwiele; Fruchtklappen rot, am Grund herzförmig.

Standort 1600–2700 m; kalkhaltige, feuchte Böden, Schneetälchen, steinige Wiesen, Schutt.

Verbreitung O-Alpen bis Albanien.

Alpen-Ampfer

Rumex alpinus · Familie Knöterichgewächse

Bis 100 cm hohe, kräftige Staude mit aufrechten, verzweigten Stängeln und grünlichen Blüten. ✿ Jun–Aug

Blätter am Grund herzförmig, lang gestielt wie die lanzettlichen Stängelblätter; **Blüten** quirlig in verzweigtem Blütenstand; Hüllblätter 6-blättrig, innere zur Fruchtzeit zu rotbraunen Fruchtklappen vergrößert.

Standort Bis 2600 m, oft in dichten Beständen auf feuchten, nitratreichen Böden um Almhütten.

Verbreitung Gebirge in M.- und S-EU.

Wissenswert! Der A. verträgt sehr gut die viehbedingte hohe Düngerzufuhr in der Lägerflora um Almhütten, an Melk- und Weideplätzen. Ähnlich verhalten sich Blauer Eisenhut (⇨ S. 138), Alpen-Greiskraut (⇨ S. 88) und Weißer Germer (⇨ S. 182).

Zwerg-Miere

Säuerling

Schnee-Ampfer

Alpen-Ampfer

Einseitswendiges Wintergrün *Orthilia secunda* · F. Wintergrüngew.

10–30 cm hohe Staude mit schuppig beblätterten Stängeln und blass gelbgrünen Blüten in einseitswendiger Traube. ✿ Jun–Jul

Einseitswend. W.

Einblüt. W.

Blätter gestielt, immergrün (Name!), ledrig, schmal eiförmig bis lanzettlich; **Blüten** zahlreich, nickend, mit gewölbten Kronblättern und herausragenden Griffeln.
Standort Bis 2300 m, saure Böden.

Ähnlich **Einblütiges Wintergrün** *Moneses uniflora* mit runden Grundblättern; nur 1 große, weiße, ausgebreitete Blüte. §

Silber-Frauenmantel

Alchemilla alpigena · Familie Rosengewächse

5–30 cm hohe Staude ohne niederliegende Seitentriebe; Blüten nur mit gelbgrünen, 4-teiligen Kelchblättern. ✿ Jun–Aug

Blätter am Grund 7- bis 9-teilig gefingert, meist bis zum Grund geteilt, an der Spitze gezähnt, unterseits silberseidig behaart, restliche Pflanze (ohne Blattoberseiten) anliegend behaart; **Blüten** in Knäueln, ohne Kronblätter.
Standort Bis 2700 m; Kalkböden.
Verbreitung Gebirge von M.- und S-EU.
Wissenswert! Viele Frauenmantel-Arten scheiden an den Blatträndern Tropfen aus. Die Alchemisten des Mittelalters (Name Alchemilla!) wollten damit unedles Metall in Gold verwandeln.

Dunkler Mauerpfeffer

Sedum atratum · Familie Dickblattgewächse

3–8 cm hohe, einjährig überwinternde Pflanze, oft rotbraun überlaufen; alle Triebe mit 3–6-blütiger Doldentraube. ✿ Jun–Aug

Blätter dickfleischig, keulenförmig; **Blüten** 5-zählig, mit weißlich bis gelbgrünen, spitzen Kronblättern (oft rötlich überlaufen) und kürzeren Kelchblättern.
Standort Bis 3100 m; Kalkböden, lockere Rasen, Schutt, Fels.
Verbreitung Alpen; Pyrenäen bis Balkan.

Ähnlich **Weißer Mauerpfeffer** *Sedum album* mit vielen sterilen Trieben; Blätter walzenförmig; Blüten weiß, in vielblütiger Rispe, mit stumpflichen Kronblättern; bis 2000 m; sonnige Lagen, gern auf Rohböden.

Grüne Schaftdolde

Hacquetia epipactis · Fam. Doldengewächse

10–25 cm hohe, kahle Staude mit blätterlangen Stängeln und kleinen Blütendolden, umgeben von großen Hüllbättern. ✿ Mär–Mai

Blätter grundständig, meist 2, glänzend grün, lang gestielt, Spreite handförmig geteilt, mit keilförmigen, oben gezähnt-gelappten Abschnitten; **Blüten** in einfachen Dolden, deutlich überragt von 5–6 gelbgrünlichen, abstehenden und blattähnlichen Hüllblättern.
Standort Vom Tal bis 1500 m; lichte Wälder, Erlengebüsche, schattige Hänge.
Verbreitung SO-Alpen bis Kroatien, Karpaten.
Wissenswert! Benannt wurde die Art nach dem französischen Wissenschaftler Belsazar Haquet (1739–1815), österreichischer Professor für Medizin und Naturgeschichte in Laibach.

Einseitswendiges Wintergrün

Silber-Frauenmantel

Dunkler Mauerpfeffer Blätter dienen als Wasserspeicher

Grüne Schaftdolde

Silber-Mannstreu

Eryngium spinalba · Familie Doldengewächse

20–40 cm hohe, sehr dornige Staude mit aufrechtem, kräftigem Stängel und weißlichen bis silbergrauen Blüten. ✰ Jun–Aug

Blätter ledrig hart, mit deutlichen Nerven, handförmig geteilt in 3–5 unregelmäßig fiederspaltige, grob dornig gezähnte Abschnitte; **Blüten** in eiförmigen bis walzlichen Doldenköpfen, umgeben von zahlreichen, linealisch-lanzettlichen, sehr dornigen, silber- bis grünweißen Hochblättern (Name!), die so lang sind wie die Blütenstände.

Standort 1200–2100 m, kalkliebend; steinige Rasen, Geröll und Fels.

Verbreitung SW-Alpen. §

Wissenswert! Die Art tritt noch mehr als der Alpen-Mannstreu in äußerst wehrhaftem Distelgewande auf und ist damit gut gewappnet gegen Verbiss durch Ziegen und Schafe.

Alpen-Wachsblume

Cerinthe glabra · Familie Raublattgewächse

30–50 cm hoch, kahl, mit blaugrünem Wachsüberzug (Name!); Stängel beblättert und röhrig, Blüten blassgelb. ✰ Jun–Aug

Blätter unten rosettig, keilförmig, gestielt; Stängelblätter eiförmig, mit breiten, gerundeten Zipfeln den Stängel umfassend; **Blüten** mit zahlreichen großen Hochblättern; Kronröhre mit braunroten Flecken und kurzen, zurückgebogenen Zipfeln, überragt von Griffeln.

Standort 800–2200 m, kalkliebend; stickstoffhaltige, steinige Böden, feuchte Alpweiden, Viehläger, Steinhaufen, überwachsener Schutt, Hochstaudenfluren.

Verbreitung Gebirge in S- und M.-EU, W-Asien.

Wissenswert! Nur kräftige Insekten wie Hummeln können die Blüten bestäuben.

Alpen-Wegerich

Plantago alpina · Familie Wegerichgewächse

5–15 cm hoch, mit blattlosem Stängel; unscheinbare, weißliche Blüten in kurzer, zylindrischer Ähre. ✰ Mai–Aug

Blätter in Grundrosette, linealisch lanzettlich, ganzrandig; **Blüten** mit 4 weißlichen Zipfeln und bauchiger Röhre, behaart; Staubblätter gelb.

Standort 1000–3300 m; kalkarme Böden.

Verbreitung Gebirge in S- und M.-EU.

Ähnlich **Berg-W.** *P. atrata*: Blätter schmal lanzettlich, 3–7-nervig, Kronzipfel bräunlich; kalkstet, bis 2700 m.

Gestutztes Läusekraut

Pedicularis recutita · Familie Braunwurzgew.

20–50 cm hoch, Stängel kahl; Blüten braunrot, mit ungeschnäbelter Oberlippe, in dichter, vielblütiger Traube. ✰ Jun–Jul

Blätter am Grund bis zur Mitte fiederschnittig, obere Blätter fiederspaltig bis ungeteilt, oft braunviolett überlaufen; **Blüten** zahlreich, 15–20 mm lang, Oberlippe helmförmig, Schnabel abgeschnitten (Name!) und ohne Zahn; Kelch kahl, tief 5-teilig, mit ungleichen Zähnen.

Standort 1000–2700 m, Kalkböden; feuchte Rasen, Hochstauden- und Quellfluren.

Verbreitung O-Alpen bis Savoyen. §

Wissenswert! Die Oberlippe wie auch das obere Ende des Blütenstandes sind gestutzt (Name!). Läusekräuter benötigen robuste Hummeln, die gewaltsam in die Blüten eindringen und sie so bestäuben.

Silber-Mannstreu

Alpen-Wachsblume

Alpen-Wegerich

Gestutztes Läusekraut

Weißer Germer

Veratrum album · Familie Liliengewächse

50–150 cm hoch, Stängel kräftig, schraubig beblättert; Blüten blass grünlich, in dichter Rispe. ✿ Jun–Aug

Blätter wechselständig, die untersten breit oval, bis 20 cm lang, die oberen lanzettlich, alle tief gefurcht und den Stängel umfassend; **Blüten**hüllblätter je nach Unterart weißlich mit grünen Nerven (*V. a.* ssp. *album*) oder gelblich grün mit dunkleren Nerven (*V. a.* ssp. *lobelianum*, kl. Foto).

Standort Bis 2700 m; feuchte Wiesen, Weiden, Läger, Hochstauden, Flachmoore.

Verbreitung Alpen und Vorland, Apennin, O-EU.

Wissenswert! Der W. G. ist stark giftig, ein Verzehr auch geringer Mengen führt ohne ärztliche Hilfe innerhalb weniger Stunden zum Tod. Vom Vieh gemieden.

Schwarzes Kohlröschen

Nigritella nigra · Familie Orchideengewächse

5–25 cm hoch, mit Vanilleduft; Blüten dunkel rotbraun, mit aufrechter Lippe, Blütenstand kegel- bis eiförmig. ✿ Jun–Aug

Blätter grasartig, hohlrinnig, zahlreich, an kantigem Stängel; **Blüten** selten rosa oder weiß, Fruchtknoten nicht gedreht, daher zeigt die ungeteilte, lanzettliche Lippe nach oben, die seitlichen inneren Blütenblätter sind nur halb so breit wie die äußeren; Sporn kurz, stumpf.

Standort Bis 2800 m, bodenvag.

Verbreitung Gebirge in EU (Kantabrien bis Balkan). §

Ähnlich **Rotes Kohlröschen** *N. rubra*: walzlicher Blütenstand, Blüten hellrot, Lippe tütenförmig. §

Alpen-Zwergknabenkraut

Chamorchis alpina · Familie Orchideengew.

5–15 cm, Blätter grasartig, kaum vom Blütenstand überragt; Blüten klein, gelbgrün, oben helmartig zusammenneigend. ✿ Jul–Aug

Blätter grundständig, rinnig gefaltet; **Blüten** zu 5–10 in kurzem, ährigem Blütenstand; die 3 äußeren Blütenblätter oval, oft braunrot überlaufen, die 2 inneren schmal lanzettlich; Lippe eiförmig, mit grünlichem Mittelteil, ohne Sporn.

Standort 1700–2700 m, auf Kalk; steinige Rasen.

Verbreitung Alpen, Karpaten. §

Wissenswet! Die unauffällige Art findet man an exponierten Kuppen und Graten, vor allem im Polsterseggen-Rasen, wo sie durchaus gesellig auftreten kann.

Hohlzunge

Coeloglossum viride · Fam. Orchideengew.

5–25 cm, Stängel beblättert; Blüten gelbgrün, Lippe länglich, 3-lappig, rotbraun überlaufen, Sporn sehr kurz. ✿ Mai–Aug

Blätter ei-lanzettlich, an kantigem Stängel; **Blüten** oft rotbräunlich überlaufen, in langer Ähre, 5 Blütenblätter (3 äußere stumf eiförmig, 2 innere schmal lanzettlich) neigen helmartig zusammen; Seitenlappen der Lippe länger als Mittellappen (kl. Foto: Einzelblüte).

Standort 500–2900 m, nährstoffarme, aber humusreiche, kalkarme Böden; Trockenwiesen, Borstgrasweiden und in Zwergstrauch-Beständen.

Verbreitung Pyrenäen bis Karpaten, Eurasien, N-Amerika. §

Weißer Germer Blätter wechselständig

Schwarzes Kohlröschen

Alpen-Zwergknabenkraut

Hohlzunge

Artenverzeichnis

Der Autor

Xaver Finkenzeller, geboren 1937, lehrte Mathematik und leitete ein berufliches Gymnasium im Allgäu. Seit über 40 Jahren befasst er sich mit der Flora der Alpen und außeralpiner Gebirge. Er ist Mitglied der Bayerischen Botanischen Gesellschaft, der Deutschen Gesellschaft für Mykologie und verschiedener Naturschutzverbände.

Der Herausgeber

Gunter Steinbach (†), geboren 1938, studierte bildende Künste in Hamburg und war Jahrzehnte im Verlagswesen tätig. Zuletzt lebte er auf seinem Einödhof im Allgäu, wo er sich praktisch und publizistisch der heimischen Natur widmete.

Bildquellen

Die Fotos stammen vom Autor mit Ausnahme der folgenden:
Umschlagfoto vorn: blickwinkel/McPHOTO/W. Rolfes
Bildarchiv Weleda AG/Michael Leuenberger: S. 14, 15;
Dieter Heß: S. 16;

Die Grafiken stammen von Jürke Grau und Reinhild Hofmann bis auf die folgenden:
Paschalis Dougalis: vordere Umschlaginnenseite;
Helmuth Flubacher: hintere Umschlaginnenseite.
Boyko.Pictures/Shutterstock.com: Icon Natur aktiv.
Michaela Mayländer, www.sistermic.de: Icon Natur Tipp.

Haftungsausschluss

Die in diesem Buch enthaltenen Empfehlungen und Angaben sind von vom Autor mit größter Sorgfalt zusammengestellt und geprüft worden. Eine Garantie für die Richtigkeit der Angaben kann aber nicht gegeben werden. Autor und Verlag übernehmen keine Haftung für Schäden und Unfälle. Bitte setzen Sie bei der Anwendung der in diesem Buch enthaltenen Empfehlungen Ihr persönliches Urteilsvermögen ein.

Bibliografische Information der Deutschen Nationalbibliothek
Die Deutsche Nationalbibliothek verzeichnet diese Publikation in der Deutschen Nationalbibliografie; detaillierte bibliografische Daten sind im Internet über http://dnb.d-nb.de abrufbar.

Wollgrasweg 41, 70599 Stuttgart (Hohenheim)
Email: info@ulmer.de
Internet: www.ulmer.de
Projektleitung: Ina Vetter, Christine Schneider, Helen Haas
Lektorat: Ulf Müller
Umschlagentwurf: siegel konzeption | gestaltung, Stuttgart
Innengestaltung: Michaela Mayländer, www.sistermic.de
XML-Workflow: pagina GmbH, Tübingen
Satz: Fotosatz Buck, Kumhausen/Hachelstuhl
Druck und Bindung: Livonia Print, Riga
Printed in Latvia

MIX
Papier aus verantwortungsvollen Quellen
FSC® C002795

ISBN 978-3-8186-1420-1